亡国の集団的自衛権

柳澤協二
Yanagisawa Kyoji

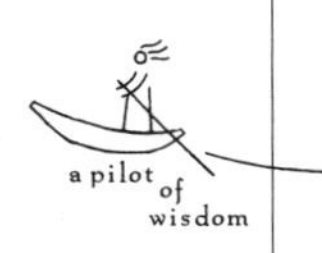

目次

第三章　バラ色の集団的自衛権

第五章　集団的自衛権は損か得か――127

図版作成／今井秀之
編集協力／加藤裕子

序章　集団的自衛権の視点

真の政策目標はどこにあるのか

二〇〇四年四月から五年半、私は内閣官房の危機管理・安全保障を担当する官房副長官補として、政府の中枢に身を置いていました。そのときに携わった仕事には、テロ対策特別措置法による、自衛隊のインド洋補給活動、イラク特別措置法による人道復興支援名目での自衛隊のイラク派遣も含まれます。かつて政府の中にいた人間として、今の自分が果たすべき使命は、政府のやっていることがおかしいと思ったら、「なぜ、おかしいか」ということを国民に伝え、同時に政府に対して問題提起もする、そういう中間的なつなぎの役割にあると思っています。

そうした観点からすると、集団的自衛権をはじめとする今の安倍政権の安全保障政策は、あまりにも問題が多すぎる、と言わざるを得ません。政府の主張は、「アメリカを助けなければ日米同盟は崩壊する」「他国がやれることを日本がやれなくていいのか」等の情緒的説明に終始し、軍事的常識からも戦略的考察からも整合性がなく、真の政策目標がどこにあるのか、まったく伝わってこないのです。まるで「支持率が高いうちにやってしまおう」というような胡散臭ささえ感じさせる、欺瞞に満ちた姿勢であり、そんなやり方で国の命運を左右するような軍事オペレーションを定義付けることなど許されません。

日本政府は一九六〇年の安保改定以降、一貫して「集団的自衛権は行使できない」との解釈を示しているのですから、それを変更するのであれば、その是非を国会で審議し、従来の解釈による対応では防衛上十分な対応がとれないような情勢変化があるということについて、国民に説明責任を果たさねばなりません。しかし、本質的問題について意識すらされずに関連法案が提出され、議論がないまま成立していくのではないかという、非常に憂慮すべき事態になっています。

自衛隊を出動させることの重み

また、政府の姿勢に、自衛隊を出動させることの重みが感じられないのも問題です。私が官邸の安全保障戦略の実務を取り仕切っていたとき、最も悩んだのは、仮に自衛隊員に犠牲者が出た場合、出動命令は総理が下すのだとしても、進言する立場の自分もまた道義的責任を免れないということでした。イラクで自衛隊が派遣されたのは非戦闘地域ではありましたが、けっして危険な状況がゼロだったわけではなく、一人も戦死者を出さずにすんだのは僥倖だったと思っています。イラクへの自衛隊派遣は、自衛隊と日本社会、憲法解釈の限界であるとともに、人間として私自身が受け入れられる限界でもありました。

自衛隊員は、一度命令を受ければ、黙って任務を遂行します。しかし、彼らには家族もいるのですから、生身の人間の命を失わせるかもしれない命令を下す人間には、「本当に必要なことか」という悩みやためらいがあってしかるべきでしょう。今の政府では、「血を流すことが必要だ」と、自ら血を流す立場にない人間が軽々に主張しており、元防衛官僚として、そのことに怒りを禁じ得ません。

かつての自民党の政治家たちには、さまざまな価値観を持ちながらも、「戦争をしてはいけない」という共通の判断基準があったように思います。しかし、戦争体験を持たない世代が政界の中心を担うにつれ、人を殺すことや人が死ぬことに対する実感がまったくない政治家たちが、「戦争もありだ」という前提で国の安全保障に関わる問題を議論するという恐ろしい事態になっています。戦争は政治の延長であり、政治の失敗が本来防げるはずの「無駄な戦争」を引き起こすという自覚が、現在の政府にはたしてあるでしょうか。

「友達が殴られる」ときにすべきこと

集団的自衛権が必要だとする主な論拠として、たとえば「友達が殴られそうになったときに守らなくていいのか」という主張が挙げられます。つまり、同盟国であるアメリカが危ないとき、日本が助けられるようにならなければいけない、というわけですが、この論旨は非常に粗雑なものだと言わざるを得ません。

友達が殴られそうになったとき、現実的に考えれば、「こっちも殴ってやる」とばかりに駆けつける以外の多様な選択肢があるはずです。たとえば、殴られるような危ない場所に行かせないように忠告する。これはイラク戦争のときにフランスがとった態度で、当時のド・ビルパン外相は「第二次世界大戦においてヨーロッパを解放したアメリカの貢献を十分理解し、その価値観を尊重するがゆえにアメリカの武力行使に反対する」と言ったわけです。

また、「殴られる」と言っても、ちょっとこづかれるぐらいなのか、それとも殺されそうになっているのかで対応はまったく違ってくるでしょうし、もしかしたら、最初に殴ったのは「友達」のほうで、殴られた側が殴り返してきたということも考えられます。だとしたら、まず殴ったほうの「友達」を諫めるべきです。

いずれにしても、友達が殴られた場面しか見ずに相手を殴り返すような行動は拙速であり、さらなるトラブルを招く可能性も生んでしまいます。日常生活でもそうなのですから、まして国際社会においては「友達が殴られたから殴り返す」という単純な話ではすまされません。だいたいアメリカは、世界で他の誰からも殴られないような「強い友達」なのですから、この「友達が殴られたから殴り返す」という議論には、殴られるのは、より弱そうな、隣にいる日本かもしれない、という発想が欠けているように思います。

「友達」は「殴り返す」ことを求めていない

日米同盟がある以上は現実的ではないかもしれませんが、そもそも殴られるような理由をもった友達とはつきあわないというのも、ひとつの方法ではあります。アメリカは実際、殴られる理由を自ら作り出しているような「友達」と言えるかもしれません。

アメリカという国は軍事的に必要となれば、ベトナム戦争時のトンキン湾事件のように、挑発的な行動も辞さないところがあります。情報収集のために強引に他国の領空や領海に入るようなことは、例を挙げればきりがありません。冷戦時にも、ソ連の上空を飛行していたアメリカの偵察機が撃墜されるということがありました。

しかし、国際法的に違法行為をしていたのは自分たちなので、アメリカはこのとき、直ちに反撃を行うようなことはしませんでした。現在も同じような状況があり、情報収集にあたる艦船や航空機への中国・北朝鮮による挑発や妨害に対して、アメリカは軍事的反撃に出ることはなく、あくまで外交的手段で解決を図ろうとしています。

第一、アメリカにしてみれば、このような挑発・妨害行為を受けるリスクは承知の上でやっていることですから、そうなった場合の対応策については、アメリカ自身がさまざまな選択肢を用意しているはずなのです。そういうときに自衛隊が「大変だから、お助けします」と出て行ったら、必然的に武力紛争につながっていきます。情報収集が武力紛争に発展する事態はアメリカが望むことではありませんし、そうした事態を招きかねない自衛隊の「救援」は迷惑でしかなくなってしまうでしょう。

日本人救出に集団的自衛権は必要ない

二〇一四年五月一五日の総理会見で示された集団的自衛権の必要性を説明するパネルは、典型的なシンボルによる世論誘導です。「海外で有事があったとき、おじいさん、おばあさん、赤ちゃんを抱えた母親といった日本人がアメリカの船に乗って逃げてくる。彼らを助けるためには、集団的自衛権を使って自衛隊がアメリカの船を守らないといけない」という話ですが、なぜそういう事態になっているのか、という前提状況がまったく説明されずに、ただ襲われる部分を切り出してきています。これでは、「日本人を助けるためには、集団的自衛権がなければ」と思う人が出てくるのも当然でしょう。こうしたシンボル操作は、戦前の日本も含め、戦争を行うときの政府の常套（じょうとう）手段であり、それがいちばん得意

安倍晋三総理が記者会見時に使用したパネル。
2014年5月15日（首相官邸ウェブサイトより）

だったのはナチスドイツだったわけです。

この邦人輸送の例と集団的自衛権は一切無関係だと言えます。

どこかの国で紛争やクーデターが起こったとき、観光客などはまだ民間航空機が運行しているときに速やかに帰国させるというのが鉄則です。また、私も防衛庁の実務担当者として作業に関わった一九九七年改定の「日米防衛協力のための指針（ガイドライン）」では、「民間人の脱出には各々の国が基本的には責任を持ってやる」と書かれています。

つまり、日本人の救出については、アメリカの船に頼るのではなく、自衛隊機が行くことになっているのです。日本人を守ることが目的ですから、警察権、あるいは個別的自衛権の範疇（はんちゅう）であることは疑いようがありません。万が一、アメリカの船や飛行機が邦人輸送に携わり、それを自衛隊が守ることになったとしても、守る対象は船や飛行機ではなく、その中にいる日本人ですから、理屈としては警察権や個別的自衛権ということになります。

この事例は、おそらく北朝鮮が韓国に攻め込むケースを想定したものだと思いますが、そもそも、このような朝鮮半島有事における邦人救出については、従来も政府内でさまざまなケーススタディを行ってきました。現在の自衛隊法には邦人輸送の規定が定められており、現行法制内で対応することができます。また、邦人輸送における領域国の同意を前提にした武器使用の拡大について政府与党で検討中です。

有事下の邦人輸送方法は基本的に民航機となりますが、最終的に自衛隊機や増援物資を運ぶ米軍機などを使うことになったとしても、その際は敵の攻撃にさらされるような経路をとらないのが一般的です。パネルで説明されたような軍艦による輸送というのは、つまり敵の攻撃対象エリアで邦人を送り届けるという大変危険な状況になるまで危機管理がされないことを意味するわけで、まったくあり得ないと思います。あえてそうした事例で集団的自衛権の必要性を説明するのは、ほとんど異様だと言えるでしょう。

集団的自衛権をめぐる議論のおかしさ

集団的自衛権に賛同する意見の中には、他にも、現状を知らずに言っているとしか思えないものが数多く見られます。たとえば、「海賊対策ができるようになる」「大量破壊兵器の拡散防止に役立つ」「東南アジア諸国の法執行能力の向上につながる」など、これらはすべて集団的自衛権とは関係ない話です。

「集団的自衛権がないから日本は後方支援もできなくて困る」という誤解も見受けられ、これは、集団的自衛権がなくても後方支援ができるようになっていることを知らない人の意見でしょう。「しかし、弾薬は提供できないではないか」という人もいるのですが、そもそも在日米軍のほうが自衛隊よりはるかに多くの弾薬を持っているのですから、日本から提供する必要性がないという実情があります。

「集団的自衛権があれば情報交換ができるようになる」というメリットが挙げられることもありますが、これも現状認識が不足した誤った論拠でしかありません。日本政府の見解は、「『何度何分に向かって撃て』というような具体的な攻撃指示につながる情報は武力行使と一体化するが、敵機の位置情報を含め、単なる情報の共有であれば（撃つ、撃たないという判断をするわけではないため）、憲法には抵触しない」というものであり、現に、自衛隊の艦艇や航空機はアメリカの戦略ネットワークの中に完全に組み込まれ、戦術情報の共有が行われています。ですから、集団的自衛権を持ち出さずとも、アメリカとの情報交換はすでに実現していることなのです。

大国化する中国と「最悪」の事態

現在、日本を取り巻く安全保障環境はかつてなく厳しいと言われています。具体的には、北朝鮮が核保有国になり、尖閣（せんかく）諸島をめぐる中国との対立が激化しているという話になるでしょう。特に、大国化する中国は「脅威」とみなされ、中国が軍事的にも政治的にも経済的にも台頭する一方、アメリカの力が相対的に低下している結果、これまでのようなアジア地域の平和的状況は続かないのではないか、という懸念が生じています。

しかし、だからといって「集団的自衛権が必要だ」という主張を正当化することはできないでしょう。尖閣問題により、「中国に日本の領土を奪われるのではないか」という不安が国民の間に高まっているとしても、実際にそのような事態になれば、それは「日本有事」ですから、個別的自衛権で対応できるのです。

そもそも、集団的自衛権を行使するかどうかという問題は安全保障戦略から判断されるべきことで、中国に対する感情的反発で決めるようなことではありません。最悪の事態に

魚釣島周辺海域を航行する中国の海洋監視船（手前）と海上保安庁の巡視船。
2013年4月23日（写真：毎日新聞社）

備えることが安全保障の出発点ですから、たとえば一〇年という短期スパンでの最悪の事態を考えたとき、想定されるのは、「ある日突然中国が南シナ海全域を支配し、東南アジアの資源を完全に掌握する」、あるいは、「アメリカ海軍を西太平洋から駆逐するだけの力を持つ」というシナリオです。

大国化路線を進む中国の強硬な外交・軍事姿勢をなんとか防ぐだけの手立てを持つのは当然ですが、この最悪のシナリオに対して、軍事的対決姿勢でアメリカと協力するという方針だけではたして防げるのかどうか、その現実性を検証する必要があるでしょう。

日本の防衛力はどうあるべきか

集団的自衛権によって、アメリカの能力で足りない分を日本が埋め合わせていくのであれば、日本自身の大規模な軍拡が必要だ、ということになります。しかし日本の防衛力のあり方についての議論をせず、単に「アメリカと協同してやっていく」というのが現在の政府の姿勢であり、これには疑問を呈さずにはいられません。

一九七六年の防衛大綱以降、日本は、基盤的防衛力という立場をとってきました。基盤的防衛力とは何かといえば、能力ベース、つまり、あらゆるスペクトラムの脅威に対応できるだけの基礎は持っておき、量的には不十分であっても、相手の攻撃に対して何らかの対処ができるようにする、という発想です。

この基盤的防衛力は、戦後の安保政策における試行錯誤を経て決定されたものでした。一九五七年に第一次防衛力整備計画が策定されて以降、一九七二年の第四次防衛力整備計画にいたるまで、日本は防衛力整備のペースを倍々ゲームで加速させていたのですが、これはソ連との戦争を想定し、通常兵器による局地戦以下の事態に有効に対応しうるだけの自衛力を持つ、という目的意識によるものでした。

しかし、もしソ連の軍事力が質量ともに増えていけば、局地戦であっても軍事紛争の規模は拡大し、備えるべき防衛力も増大する一方ということになります。国会においても、日本がアメリカの戦争に巻き込まれるのではないか、という懸念が噴出し、激しい論戦が行われました。

そこで、「巻き込まれ」に対する懸念を払拭（ふっしょく）する必要に迫られた政府は、「集団的自衛権の行使は、自衛のための必要最小限度を超えるため許されない」との見解を示すことになりました。それと同時に、米ソの間に起こる大規模な紛争において、日本に攻めてくるというのは戦争のひとつの局面にすぎず、米ソの大規模な紛争そのものが起こりにくくなっている、と割りきることにし、我が国の防衛力は基盤的なものでよい、ということを一九七六年に閣議決定したのです。

基盤的防衛力を現在の状況にあてはめてみれば、北朝鮮の脅威に対しては、ミサイル防衛を行い、アメリカが北朝鮮の軍事インフラを攻撃し、韓国軍が巻き返すといったような状況になるでしょうから、その中で日本が何をすべきなのかは比較的計算しやすく、一九九七年のガイドラインや個別的自衛権の範囲で対応できると言えるでしょう。

しかし相手が中国だとすると、話は違ってきます。北朝鮮と異なり、量的には際限ない軍事力を持とうとしている中国のような相手にどういう戦争がありうるのか、そこを見極めずに、防衛力の規模・役割・能力を計算することなどできません。もう一度、能力ベースという基盤的防衛力の発想に立ち戻り、具体的なシミュレーションをした上で、日本の防衛力を定義する必要があると思います。

一方で、日常的に中国海軍との接触がある現状を考えれば、そうした緊張感の中で実際に衝突が起こったらどうするか、ということについてもシミュレーションが必要です。今、日本が非常に複雑な局面に置かれていることは間違いありませんが、そこで日本はどういう防衛力を持つのか、政府が明らかにしていないことは大きな問題であり、集団的自衛権で日本が果たす役割が見えてこない原因にもなっています。

集団的自衛権のふたつの落とし穴

「別にすぐ日本が戦争をするわけではないのだから、ひとつの手段として集団的自衛権を持つのはけっして悪いことではない」という意見があります。集団的自衛権を持つことにより、たとえば、オーストラリアやインドといった国々と有事を想定した共同訓練や防衛協力もできるようになり、それが中国に乱暴なことをさせない、という意味での抑止力として機能するのではないか、という考え方です。こうした意見は、「集団的自衛権によって抑止力が高まり、日本が戦争に巻き込まれる可能性を減らすことができる」という安倍総理の話に通じるものがあります。

しかし、この意見にはふたつの落とし穴があります。

ひとつは、もし本当に集団的自衛権を使うことになったときは日本も戦争をするのだ、ということです。自衛隊には当然その認識はありますが、そのことを国民にきちんと認識させずに、ただ「日本がより平和になる」といった甘い言葉だけで納得させようというのは、欺瞞に満ちているとしか言いようがありません。

もうひとつの落とし穴は、何をどう抑止するのかということについて、日本とアメリカの間にズレがある可能性です。今回の集団的自衛権の話は日本から持ち出している点が特徴的で、確かにアメリカは「これで日本がアジアの平和にもっと役立ってくれるようになった」と歓迎の意を表してはいますが、アメリカ側から日本に何を求めるのか、という具体的な話はまったくありません。つまり、集団的自衛権で日本が何をするのか、その合意が日米間でなされていないということになります。

日本が抑止したいのは、たとえば、中国がベトナム沖に深海調査ができるオイルリグや海警局の船を大量に出したように、実力で現状を変更することでしょう。中国のこうした行動を抑止しなければ、尖閣諸島でも同じことをやられるかもしれないという危機感は、しかしアメリカに共有されていません。実際、ベトナム沖で起こっているような事態を、アメリカは軍事紛争ではないとみなし、具体的な対応をとろうとはしないのです。つまり、尖閣諸島で事が起こったとき、アメリカは日本が期待するような行動をしないかもしれない、という懸念があります。

本来は、同盟国であるアメリカとの間に抑止目標の合意がなければ、日本が集団的自衛権を持つ意味も、その下で自衛隊がどんな役割を果たすかということの意味もわからないはずなのです。少なくとも、日米間でこのことについての協議がなければならないのですが、それもない中、集団的自衛権を持つということだけが先走りしている、それが、議論をわかりにくいものにしていると言えるでしょう。

結論から言えば、集団的自衛権は、日本の防衛にとってはむしろ有害無益なものです。本書では、集団的自衛権の議論におけるこれらの問題点を整理しつつ、これからの国際社会において日本の安保政策はどのようなものであるべきか、ひいては、日本が目指すべき国のかたちがどういうものであるのか、ということについて考えていきたいと思っています。結論はそれぞれ違うものになったとしても、今のような矛盾に満ちたかみあわない議論に基づくのではなく、「何が問題なのか」ということを多くの方に考えていただき、自分の軸を持って声を上げていく、そのきっかけとなれば幸いです。

第一章　集団的自衛権と日米ガイドライン改定の行方

1　ガイドライン改定中間報告

ガイドラインのこれまでの目的

　二〇一四年一〇月八日、その約一年前に東京で開催された「2＋2」日米安全保障協議委員会（SCC）会合におけるガイドライン見直しの求めに応じ、防衛協力小委員会（SDC）は「日米防衛協力のための指針（ガイドライン）の見直しに関する中間報告」を発表しました。この中間報告において、改定後のガイドライン及び防衛協力の目的は、「平時から緊急事態までのいかなる状況においても日本の平和と安全を確保するとともに、アジア太平洋及びこれを越えた地域が安定し、平和で繁栄したものとなるよう」にすると記されています。そして、将来の日米防衛協力は、「切れ目のない、力強い、柔軟かつ実効的な日米共同の対応」「日米同盟のグローバルな性質」「地域の他のパートナーとの協力」

「日米両政府の国家安全保障政策間の相乗効果」「政府一体となっての同盟としての取組」を強調する、としています。

今回の改定についての問題点に触れる前に、「日米防衛協力のための指針」がこれまでどのような経緯で作成され、改定されてきたのか、振り返ってみましょう。

最初にガイドラインが作られたのは、冷戦の最中の一九七八年で、このときに行われたのは安保条約五条事態（日本有事）の具体化でした。この二年前に策定された一九七六年の防衛大綱で、日本の防衛力の規模や役割を明らかにしたものの、有事の際の対応に関しては、日本の防衛力を超える事態になった場合はアメリカが来援してくれる、という前提にとどまっていました。そこで、実際にどのような手順でそれを行うか、日本有事の日米共同作戦についての研究をしようということで作られたのが、七八年のガイドラインだったのです。

しかし、安保条約六条事態（極東有事）における防衛協力のあり方は「今後の研究課題」とされ、その具体化は一九九七年に改定されたガイドラインで行われることとなりました。この改定に先立つ一九九六年の日米安保共同宣言において、当時の橋本龍太郎政権は、これまでの日本防衛に加え、地域の安定という新たな意義を日米同盟に付け加えています。これは、北朝鮮の核開発表明による一九九三年の朝鮮半島危機が契機となり、「米海軍が北朝鮮の海上封鎖に踏み切った場合、我が国が何の協力もできなければ日米同盟は崩壊する」という危機感が高まったことを背景にしたものです。

それを受けて改定されたガイドラインは、朝鮮半島における有事、いわゆる「周辺事態」における防衛協力を定めています。もともと安保条約六条には、米軍は日本防衛と併せて極東地域の平和と安全の維持のために日本に基地を置くことができるということが書かれているのですが、このガイドラインの目的は、従来、安保条約五条事態（日本有事）を前提として研究されてきた日米防衛協力の範囲を日本の周辺における事態（いわゆる六条事態）にまで拡大することでした。

当時議論されたのは、朝鮮半島有事の際の米軍の行動に日本がどのようなサポートをするか、ということです。一二〇〇項目とも言われる米軍のニーズを踏まえて策定されましたが、その内容は、後方地域における補給や輸送といった後方支援活動、戦闘による遭難者の救助、情報支援の三つに大別され、「それ自体は武力行使に当たらない活動」に限定したものでした。

しかし、情報・兵站（へいたん）・救助などは戦闘行為を支える活動という側面があるため、「自衛隊の活動が米軍の戦闘行為と『一体化して』我が国自身の武力行使と評価される」ことにならないための歯止めとして、その際の活動区域は、「活動の期間を通して戦闘行為が行われない地域」（非戦闘地域または後方地域）という概念が創設され、具体的には、日本国内と戦闘が行われていない公海上と定められました。

無限に拡大する日本の役割

二〇一四年一〇月八日に発表されたガイドライン改定中間報告では、宇宙及びサイバー空間の防衛といった新たな分野についての言及がありますが、それ以上の最大のポイントは、「周辺事態」の「周辺」の概念をなくしてしまったことにあります。

「Ⅳ．強化された同盟内の調整」という項目の中に、「日米両政府は、日本の平和と安全に影響を及ぼす状況、地域の及びグローバルな安定を脅かす状況、又は同盟の対応を必要とする可能性があるその他の状況に対処するため、全ての関係機関の関与を得る、切れ目のない、実効的な政府全体にわたる同盟内の調整を確保する」と書かれています。「グローバルな安定を脅かす状況」「同盟の対応を必要とする可能性があるその他の状況」という文言は、つまり、自衛隊が役割を果たす地域がこれまでの「日本周辺」から拡大し、世界中どこでもグローバルに米軍と協力できるようになることを意味しています。

もうひとつの大きな変化は、二〇一四年七月一日の閣議決定で憲法解釈を変え、集団的自衛権の行使を認めたことにより、一定条件の下での戦闘行為が可能になったことです。

中間報告の「V. 日本の平和及び安全の切れ目のない確保」にある、「日本に対する武力攻撃を伴わないときでも、日本の平和と安全を確保するために迅速で力強い対応が必要となる場合もある。このような複雑な安全保障環境に鑑(かんが)み、日米両政府は、平時から緊急事態までのいかなる段階においても、切れ目のないかたちで、日本の安全が損なわれることを防ぐための措置をとる」という箇所がそれにあたり、見直し後のガイドライン最終報告で、「日本の武力の行使が許容される場合における日米両政府間の協力について詳述する」と書かれています。

このふたつの変化により、従来は非戦闘地域の後方支援にとどまっていたものが、戦闘地域における戦闘行為もできるようになったわけで、米軍との協力関係での日本の役割は、地域的にも機能的にも無限に拡大したと言えるでしょう。

いわば限定を外してしまったこの中間報告は、七月一日の閣議決定を受けたものであるにもかかわらず、七月一日の閣議決定の政府の説明との間に非常に大きな発想の乖離(かいり)がみられます。政府は「非常に限定的である」と言い、中間報告を見ると、その「限定」がどのような基準で反映されているのかが不明で、非常に矛盾したものとなっていると指摘せざるを得ません。

何をするのかが見えない

しかも、この中間報告で規定された日米の「約束」は非常にアンバランスです。日本側が「いつでも、どこでも、どこまででもアメリカに協力する」という約束をしたのに対し、アメリカが言っているのは、「日本の防衛は自衛隊の仕事である。自衛隊だけで間に合わない場合、必要があればアメリカは適切な場合の打撃作戦を含め協力を行う」という、従来通りの内容です。

問題は、こうして日本の役割を無限に拡大したものの、実際には何をしたらいいのか、ということが、この中間報告からまったく見えてこないことです。この中間報告では、具体的な内容は最終報告に盛り込む、としていますが、これだけ役割を拡大してしまえば、その中で「何々をします」と決めることは、おそらく無理だと思います。「何々をします」という具体的内容を定めるのならば、その一方で「何々はしません」ということを個別に規定する必要も出てきますが、「なんでもやります」という約束なわけですから、それは難しいでしょう。政権の意思として、あるいは選挙対策として「やりません」ということは言えるかもしれませんが、それでは、何のための約束だったのか、ということになります。

安保条約からの逸脱

これまでのガイドラインは、少なくとも安保条約の五条や六条を具体化するという点で、日米安保条約の条文そのものにひとつの根拠がありました。また日本国憲法との関係において、戦闘行為との一体化をしないために、「後方地域」や「非戦闘地域」という概念を導入しています。

その視点から今回の中間報告を考えると、日米安保条約のどこを根拠にグローバルにいろいろなことを協力していくということが出てくるのか、という疑問が生じますし、戦闘地域における戦闘行為も可能にすることで憲法との整合性も失われています。もしこの中間報告にあるような改定を本当にやるのであれば、憲法はもちろん安保条約を変えるか、あるいは何かそれに代わる日米の条約が必要なはずだ、ということになります。

自衛隊の役割拡大ということでは、自衛隊をイラクに派遣した「イラク特措法」や、インド洋に自衛隊を派遣した「テロ特措法」といった個別の法律を制定することにより、これまでの範囲を超えて米軍に協力したケースはありました。しかし、これらの事例は安保条約との関連ではなく、公式には、安保理決議を踏まえての国連協力である、という建前をとっており、日本の法体系の中では許容されるものだったと思います。また、イラクでもインド洋でも「戦闘行為と一体化しない」という点が守られていたことが、戦闘地域における戦闘行為を認めた中間報告とは大きく異なります。

これに対し、安保条約という根拠も、憲法との関係も失われた中間報告は、法治主義を逸脱していると言わざるを得ません。

2 イスラム国・中国・北朝鮮とガイドライン

想像力のない議論

イラクへの自衛隊派遣やインド洋に自衛隊の船を出したときと同様、自衛隊の役割拡大について国民を納得させるためには、誰の目にも明らかな必要性が具体的に見えていなくてはなりません。ガイドラインで日本がアメリカに協力する「有事」で、現在可能性があるのは、イスラム国・中国・北朝鮮でしょう。では、これらの国々で「有事」が起こった

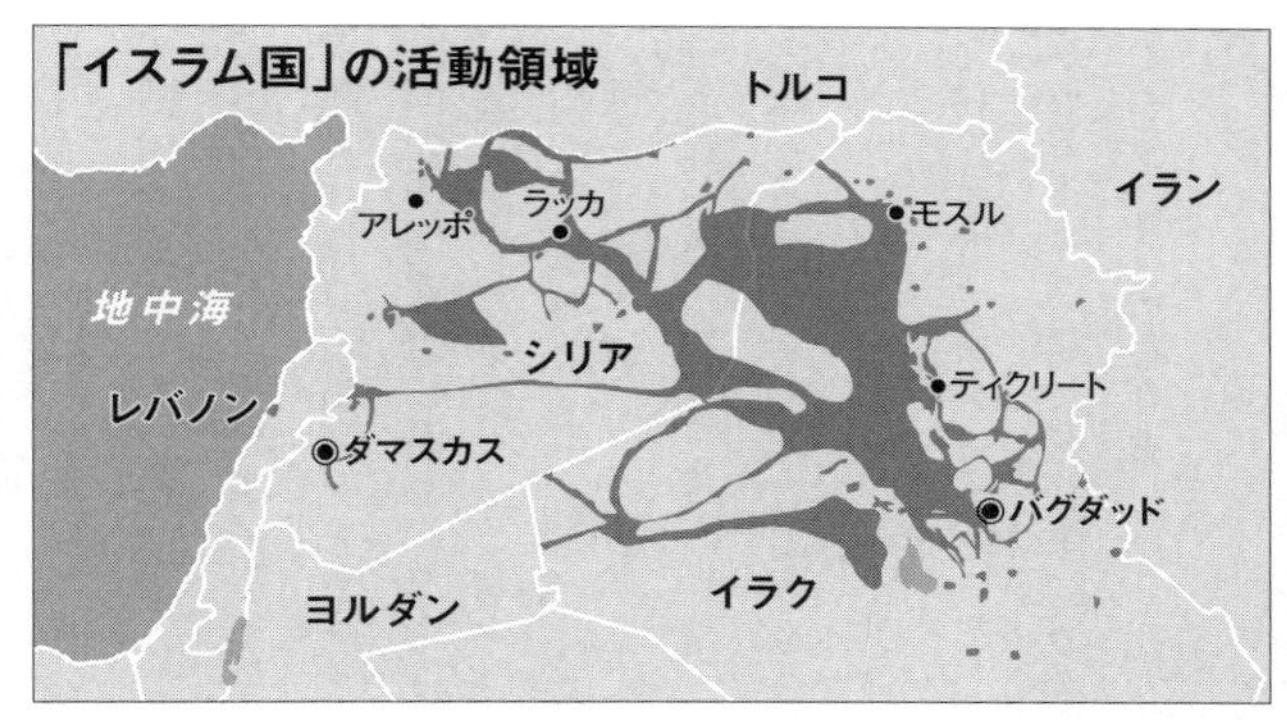

Institute for the Study of War の資料（2015年1月）をもとに作成。

とき、実際にどのような事態になるのか、考えてみたいと思います。

　イスラム国について、今のところ日本は難民支援などで金銭的な貢献を模索しているようですが、仮にイスラム国が中東全体に拡大し、大混乱が生じることになれば、安倍総理の言う「ペルシャ湾に機雷がまかれれば国の存立を脅かす」以上の大変な事態になるでしょう。今回のガイドライン中間報告に従えば、イスラム国が我が国の平和と存立を脅かし、国民の生命、自由、幸福追求権を根底から覆す明白な危険だとみなされた場合、日本は武力行使もできることになるわけです。

　また、武力行使の基準にあたらないということになったとしても、中間報告によると、アメリカの要請があれば、最低限でも後方支援をすることになります。具体的には、海賊対策目的で設けたジブチの自衛隊航空基地からP3－C哨戒機によって情報収集をする、あるいはAWACS（早期警戒管制機）を持って行って支援をすることもできるし、輸送や物資を補給することも考えられます。輸送や補給と言っても、水や食糧というレベルではなく、今回の中間報告に沿うのならば、ミサイルのような武器となる可能性もゼロではありません。

しかし、武器はもちろんのこと、水や食糧であっても戦闘中の軍に提供されれば軍事的な兵站活動と言え、そういうかたちで参戦することになれば、イスラム国側からは、日本人は「イスラムの敵」とみなされ、テロの対象となるでしょう。このリスクが、今回のガイドライン改定がもたらす具体的な可能性のひとつだと言えます。

中国や北朝鮮の「有事」についても同様です。中国の脅威ということでは、現実に、中国がベトナム沖にオイルリグを出し、「海警」を大量に派遣してベトナムに圧力をかけたということがありました。「地域の及びグローバルな安定を脅かす状況」と書くのであれば、あのとき、仮にベトナムから支援を要請されたら日本は何をしたのか、というシミュレーションを行い、可能性として考えられる一例として示す必要があるでしょう。また北朝鮮についても、北朝鮮の核ミサイルが脅威だというのなら、それに対して日本は具体的に何をするのかということを示す、もっと想像力をもった議論が必要です。

今回の中間報告が抽象的な表現に終始し、「グローバルに」「切れ目なく」アメリカに協力することでどのような事態が起こるのか、という具体的必要性をまったく示せていないことは、非常に問題だと思います。

3　政治が先か軍事が先か

「何をやらせたいのか」を決めるのが政治

実務にあたる防衛省の立場からすれば、このような安全保障の根幹を変える決定をする場合、まず国会の議論が先にあるべきではないかということになるのですが、政府与党は、まず法案の全体像を示し、国会の審議を経ながら、ガイドラインの最終報告につなげていくという政治的な形作りが必要だ、という姿勢です。

そもそも、軍事において何をするかを決めるのは、政治の役割であり責任です。私が内閣官房にいたとき、親しかった石破茂氏（いしばしげる）とよく議論になったのですが、彼の主張は「なんでもできる法律をまず作り、あとは政治の責任で何を使うかを選択するのがあるべき姿だ」というものでした。これに対して私は、「どこまで行って、何をやらせたいのかを決めるのが政治であり、それにしたがって官僚は法律を作る。それがあるべき姿である」と反論しました。今回の中間報告を見ると、まさにその対立が当てはまる事例だと言えるでしょう。

防衛省の実務の立場から言えば、イスラム国にしても中国にしても北朝鮮にしても、有事の際、政治の意思としてどこまでやるのか、また自分たちに何をさせたいのかを決めてくれないと、米軍と協力するといっても、何をどうすればいいのかわかりません。これは協力相手であるアメリカについても言えることで、イスラム国に対してアメリカはどうしたいのか、フィリピンが実効支配する島を中国が軍事力で奪いに来たらアメリカはどうするのか、といったことが明らかでなければ、具体的な協力項目は見えてこないのです。実際のところ、アメリカの介入の意思ははっきりしておらず、これもまた、今までのガイドラインと違う点だと言えるでしょう。

七八年のガイドラインでは、たとえばソ連が津軽海峡の両岸を取りに来たらどうするか、あるいはシーレーンを破壊しに来たときにどうするかということについて、アメリカと具体的なイメージを共有しながら実務を進めていったわけです。私が携わった九七年のガイドラインにおいても、朝鮮半島有事の際、米軍はどういう行動をとり、日本の基地をどう使うのか、そして日本はどういう後方支援を必要とされるのか等、非常に限定された事態のイメージが日米で共有できていたため、我々防衛庁の人間は作業を進めることができました。

しかし、今回の中間報告で示されているのは「世界の海に乗り出すぞ」といった大雑把なことでしかなく、アメリカと共有すべきイメージも何もないがゆえに、実務面ではどうしていいかわからないといったことになると予想されます。

集団的自衛権の議論が迷走している理由のひとつは、実際に米軍にグローバルに協力することを認めるにしても、日本がどこまで行って何をするのかという政治のニーズが見えないことです。政局的な判断で議論が出てこないという側面があるとしても、そもそも出せる中身がない、ということではないでしょうか。

第二章　七月一日閣議決定のおかしさ

1　従来の政府見解との乖離

見えない政治の目的意識

各所で言われていることですが、日本の集団的自衛権行使を認めた、二〇一四年七月一日の「国の存立を全うし、国民を守るための切れ目のない安全保障法制の整備について」という閣議決定は、事実上の政府による解釈改憲です。

この閣議決定では、「我が国は複雑かつ重大な国家安全保障上の課題に直面している」ことから、「我が国に対する武力攻撃が発生した場合のみならず、我が国と密接な関係にある他国に対する武力攻撃が発生し、これにより我が国の存立が脅かされ、国民の生命、自由及び幸福追求の権利が根底から覆される明白な危険がある場合において、これを排除し、我が国の存立を全うし、国民を守るために他に適当な手段がないときに、必要最小限度の実力を行使することは、従来の政府見解の基本的な論理に基づく自衛のための措置として、憲法上許容されると考えるべきであると判断するに至った」とあります。「集団的自衛権の行使は、自衛のための必要最小限度を超えるため許されない」という政府解釈は、閣議決定された政府答弁書としては一九七二年以来、たびたび表明されてきたものです。これは言うまでもなく、日本国憲法との関係から生まれてきた解釈であり、アメリカからの要請に応えながらも保持されてきた基本方針でした。

私は一九七〇年に当時の防衛庁に入庁し、冷戦のさなかから冷戦終結を経て、対テロ戦争にいたる国際情勢の変化の中で、自衛隊の役割や活動の範囲もまた変わっていく過程を経験してきました。しかし、そうした変化においても変わらなかったのは、憲法九条を規範とし、その範囲で自衛隊はどこまでやれるのかという探求であり、それはすなわち、一九五二年のサンフランシスコ平和条約発効以来、日本国憲法とアメリカの軍事的要請との絶え間ない相克が日本の安全保障政策のかたちを作ってきたということだと思います。

たとえば、一九七九年のソ連によるアフガニスタン侵攻をきっかけに、緊張緩和が進んでいた米ソ関係が再び激しく対立するようになると、アメリカは近代化が顕著なソ連海軍

安倍晋三総理、集団的自衛権行使の憲法解釈変更を決定した閣議後の記者会見。
2014年7月1日（写真：毎日新聞社）

の太平洋進出を制約するために、日本に対し、宗谷・津軽・対馬の三海峡と日本周辺及び一〇〇〇海里に及ぶシーレーンの防衛を求めてきました。それに応じた当時の中曾根康弘政権は「防衛費のＧＮＰ一パーセント枠」を取り払うとともに、「日本有事において日本防衛にあたる米国艦艇を護衛することは、（個別的自衛権による）自衛の範囲である」という見解を打ち出したのです。

　また、自衛隊のＰＫＯ派遣を可能にした一九九二年の「国際平和協力法」（ＰＫＯ協力法）、私自身も防衛庁審議官として担当した、北朝鮮の核開発表明によ

首相官邸前で、集団的自衛権の行使容認に反対する人たち。
2014年7月1日（写真：毎日新聞社）

る朝鮮半島危機がきっかけになった一九九七年の「日米防衛協力のための指針（ガイドライン）」見直し、北朝鮮によるミサイル発射を受けた二〇〇三年のミサイル防衛システム導入の決定など、これまで日本は、情勢の変化を踏まえ、集団的自衛権に踏み込むことなく、重要な安全保障上のニーズに応えてきました。私自身が携わった仕事に関して言えば、特に湾岸戦争以降から自衛隊のイラク派遣までについては、それなりの成果も上げ、基本的には憲法の範囲内で十分なことができたと思っています。

その体験上、それを超えて集団的自衛権でいったい何をするのか、それが私の最大の疑問です。この閣議決定を見ると、イラク派遣以上のことができるようになっていますが、何のために自衛隊を出すのか、どういう理念で自衛隊を使っていくのか、その政治の目的意識がどこにあるのか、まったく見えてきません。

「いかなる事態」にも備えるとはどういうことか

そもそも、立憲主義は近代民主主義社会の根本原理であり、政府の権限の限界を憲法によって規定するものです。その観点から言えば、政府が自ら課してきた制約を自ら緩めることは許されませんし、政府のフリーハンドを広げる解釈の変更、特に集団的自衛権のような戦争と平和の選択に関わる判断基準を、政府の自由度を高める方向で自ら変更することなど、それこそあってはなりません。この閣議決定は立憲主義に真っ向から反するものと言えるでしょう。

法律の解釈の変更は法的行為であり、その法的評価を変えなければいけないだけの事実や必要性が証明されなければなりませんが、この閣議決定にはその証明もありません。本当に軍事的な蓋然性（がいぜんせい）があり、そのときの政治的対応として、どのような優先順位でやっていくのか、その中で、どうしてもこれはやらないといけないという組み立てで議論をしなければならないはずなのですが、そうした議論もまったくなく、あるのは「いかなる事態においても国民の命と平和な暮らしを断固として守り抜く」という、曖昧(あいまい)で具体性のない説明だけです。

第一、「いかなる事態」と言っても、そのすべてに対応するのは、はっきり言って不可能です。危機管理の世界において、最悪の事態に備えるという面はあるものの、使える資源には限界がありますから、やはり蓋然性を評価しなければなりません。

たとえば、起こったら非常に被害が大きくなることが予想されるが、本当に起こる可能性は小さく、しかも武力行使以外の手段で防ぐことができそうだという事態があったとして、そのために大量に資源を投入するのは現実的ではないということです。まず優先されるのは、いちばん可能性がある事態に対する備えであり、そこでさらに余裕があれば、あまり起こりそうにないが起こったら本当に悲惨なことになるというものに備える、そういう順番になるでしょう。

「いかなる事態」にも備えるのは非現実的であり、内容のない空虚な言葉です。集団的自衛権をめぐる政府の動きが、こうした具体的なことについてまったく説明がなく、とにかく力任せで強引なのは、おそらく説明したくてもできないからではないかと思います。

2　現実性のない事例

有事と平時はシームレスではない

非現実的ということでは、この閣議決定に先立ち、政府が「現行法制では対応できない」として挙げてきた一五の事例も同様です。どれも前提そのものが政治的におかしいか、現実的蓋然性もない、苦し紛れに作られた事例としか考えられません。

まず、最初の「武力攻撃に至らない侵害への対処」の三つの事例（「離島等における不法行為への対処」「公海上で訓練などを実施中の自衛隊が遭遇した不法行為への対処」「弾道ミサイル発射警戒時の米艦防護」）は、いわゆるグレーゾーン事態です。グレーゾーン

政府が想定する15の事例

(1) 武力攻撃に至らない侵害への対処 (グレーゾーン)

事例 1　離島等における不法行為への対処

事例 2　公海上で訓練などを実施中の自衛隊が遭遇した不法行為への対処

事例 3　弾道ミサイル発射警戒時の米艦防護

【参考】(領海内で潜没航行する外国の軍用潜水艦への対処)

(2) 国連PKOを含む国際協力等

事例 4　侵略行為に対抗するための国際協力としての支援

事例 5　駆け付け警護

事例 6　任務遂行のための武器使用

事例 7　領域国の同意に基づく邦人救出

(3)「武力の行使」に当たり得る活動 (集団的自衛権)

事例 8　邦人輸送中の米輸送艦の防護

事例 9　武力攻撃を受けている米艦の防護

事例10　強制的な停船検査

事例11　米国に向け我が国上空を横切る弾道ミサイル迎撃

事例12　弾道ミサイル発射警戒時の米艦防護

事例13　米本土が武力攻撃を受け、我が国近隣で作戦を行う時の米艦防護

事例14　国際的な機雷掃海活動への参加

事例15　民間船舶の国際共同護衛

＊自由民主党「安全保障法制整備に関するＱ＆Ａ」をもとに作成。

というのはつまり有事でも平時でもないということになります。ここで挙げられているのは、尖閣諸島における中国との対立や北朝鮮からのミサイル発射を念頭にしたと思われるケースですが、そもそも、この「グレーゾーン」という捉え方自体が問題と言えるでしょう。

政府の説明では「切れ目のない対応」という表現が盛んに使われますが、実際問題として、有事と平時はシームレスではありません。

法的に平時とは何かと言えば、警察権で対応しているあいだが平時です。自衛権をもって対応することになれば、それは有事ということになり、その中間は存在しません。有事か平時か、それは政治が判断すべき事柄なのです。相手が軍隊を出してくる前提には、それなりの国家意志が必要なわけですし、日本も自衛隊を出して対応するとなれば、やはり大きな国家意志の最終的発露ということになります。

このことについて、「グレーゾーン事態」に挙げられている「離島等における不法行為への対処」、つまり、武装勢力が離島に上陸してきたことを想定したケースで考えてみましょう。もし、上陸してきた武装勢力を入国管理法違反で排除する、あるいは刑法で取り締まるのであれば、それは警察対応であり、平時ということになります。彼らが強力な武器を持っていて警察では対応できない、という場合は自衛隊が出動することになりますが、すでに北朝鮮の工作員が上陸してきたときの対応を念頭に、自衛隊が治安出動する際の武器使用は合理的に必要と認められる範囲で可能とされ、「警察権の範囲」で相手を制圧することができるよう法改正されています（自衛隊法第九〇条第一項第三号）。ですから、「切れ目なく」と言っても、そもそも現在規定されている法的権限に隙間はないと言えるでしょう。

本来、国家にバックアップされた武装勢力が上陸してくるという状況は、一九七四年に国連総会で定められた「侵略の定義」でいうところの侵略行為です。ですから、彼らが国家にバックアップされた勢力であることが明らかであれば、それはすなわち防衛出動の対象になります。もし、国家の意志がはたらいているかどうかが明確でないという場合は、おそらく相手は大した武器を持っていないという状況ですから、これは警察権の範囲になるだろうと思います。

「現場対応」という机上の空論

グレーゾーン事態の根拠のひとつに、「閣議決定を待っていたら間に合わない」という論理があるのですが、これこそ決定的な間違いだと言えます。

仮に警察権の範囲であっても、自衛隊を使うかどうかは政治判断になりますし、まして自衛権をもって対応するのであれば、それを現場の判断に委ねるなど、絶対にやってはいけないことなのです。もし緊急でやむを得ないからと判断を現場に任せるとすれば、ある日突然、総理大臣も知らないうちに日本が戦争当事者になっていた、ということになりかねません。

私が官邸の危機管理を担当していたときの経験から言えば、仮に武装勢力が上陸したとして、どの程度の武器を持った相手が何人くらいいるかという基本的情報もない状態では、警察で対応できない、という判断はできません。むしろ、自衛隊が出るからには、相手に対応できるだけの万全の装備が必要ですし、そのためには相手の状況を正確に把握するのは必須の条件です。

情報収集にはどうしても一定の時間が必要ですし、事態に合わせた装備で自衛隊が現場に出動するまでにもある程度の時間がかかります。官邸がこれらの状況を共有していれば、閣議決定を行う余裕も当然あるわけですから、「時間がないから自衛隊の出動もやむを得ない」というのは、現実を無視した机上の空論にすぎません。

「アメリカの船を助ける」という欺瞞

次に、事例3の「弾道ミサイル発射警戒時の米艦防護」。これは事例12でも同じ項目が述べられていますが、事例3は「平時」、事例12は「有事」に相当します。平時にアメリカの船がいきなり攻撃を受けるという事例について検討してみましょう。

この事例が作られた発端は、二〇〇九年四月に北朝鮮が人工衛星と称するミサイルをハワイ沖に向けて発射したとき、日本海にアメリカのイージス艦がいたときの出来事にあると思います。ミサイル対応モードでレーダーのビームを絞っているイージス艦は普通の航空機を探知できませんから、もし北朝鮮が本気でミグ戦闘機で攻撃をかけていたら、非常に危ない状況だったわけです。

当時のことを振り返ると、米軍のイージス艦がいたのは、北朝鮮が予告した経路の真下、ちょうど第一段目のロケットが落下するあたりでした。おそらく米軍の意図は、情報収集の一環として、落ちてきたミサイルを日本に先駆けて拾おうということだったと思います。そして、米軍がイージス艦を出すにあたっては、北朝鮮の戦闘機が攻めてくるかどうかという脅威見積もりをしているはずですから、攻撃があった際の警戒策や対応策を考えた上で、「攻撃はあり得ない」という前提でやっているわけです。もし、その見積もりができずに、むざむざイージス艦を失うようなことになれば、アメリカの太平洋軍司令官は軍法会議にかけられて馘首(かくしゅ)ということになるでしょう。

アメリカがそうした計算を踏まえて行動しているというのに、脅しで出てきた戦闘機を航空自衛隊が撃墜してしまったら、単なる情報収集が武力衝突という事態になり、アメリカにとっては大迷惑な話です。このまったく現実性がない事例を見ると、日米の間で、集団的自衛権が必要とされる際の具体的な内容が何も詰められていないということがよくわかります。

「有事」の対応は個別的自衛権の範囲内

この事例3は「平時」、つまり「武力攻撃の意志があるかどうかわからない」という前提で作られています。もし北朝鮮が「本気」だとしたら、それは紛れもなく武力攻撃の意志があるということですから、前提そのものが違ってきてしまうでしょう。

そもそも、「武力攻撃の意志があるかどうかわからない」のはどういう事態か、ということを考えてみると、打ち上げたミサイルが間違って落ちてきたのかもしれない、という状況しか考えられません。現行のミサイル破壊措置は、我が国の領域への落下のおそれがある場合を前提としていますが、これは公共の危険を排除する警察権に基づくものです。事例3は、日本の近海に落下する場合ですから、日本船舶への危険排除という法理を使えば、集団的自衛権を持ち出さずとも、警察権で対応できます。

そもそも常識的には、日本近海における米艦への攻撃は平時のある日突然起きるのではなく、第三国との軍事的対立が激化する中で発生すると考えるのが自然です。そのような攻撃は必然的に日本が抱える米軍基地への攻撃と連動するはずであり、「日本有事」の引き金となって、中曾根政権当時の政府見解のように「我が国を防衛するために行動する米艦を防護することは、（日本の）個別的自衛権の範囲内」ということになるでしょう。

これに対し安倍総理は、七月の国会における集中審議で「それは国際法の概念を理解していない議論だ」と答弁しています。つまり、従来の発想でいくと国際法的には先制攻撃になってしまうので集団的自衛権が必要だ、という論理です。

しかし、「他国への攻撃が我が国の存立を脅かす」という議論の建て方は、本来の集団的自衛権ではなく、日本に対する武力攻撃の着手だと認定できるような場合でしょう。つまり、個別的自衛権を発動できるということです。アメリカのイラク戦争の理由は、「大量破壊兵器が使われるまで、待つわけにはいかない」というものでした。自国への攻撃がないのに、自国防衛を理由にすれば、国際法で禁止されている予防戦争になってしまう。

ですから、アメリカの船が攻撃されて日本の存立が脅かされるのがどういうときかと言えば、相手に日本を攻撃する意図があり、途中にいるアメリカの船が邪魔だから攻撃してくるというようなケースに限られます。安倍総理はその点を理解せずに「国際法的に間違いだ」と言っているのですが、そのようなケースに日本が個別的自衛権で対応できないならば、それこそ日本が危ない、まさに我が国の存立が脅かされる事態となるでしょう。

このことに関連するものでは、事例9の「武力攻撃を受けている米艦の防護」があります。これは朝鮮半島有事を想定したものでしょうが、実際問題として、自衛隊の助けが必要となるような脆弱な態勢で戦争を始めるようなことを、アメリカは絶対にしません。日本が「防護します」と言えば「やってくれ」とは言うでしょうが、万全の態勢を整えて戦争に臨むアメリカを日本が助けなければいけない切迫性は、ほとんどあり得ないのです。

どれも「我が国の存立が脅かされる」事態ではない

「『武力の行使』に当たり得る活動」ということで挙げられている八つの事例（「邦人輸送中の米輸送艦の防護」「武力攻撃を受けている米艦の防護」「強制的な停船検査」「米国に向け我が国上空を横切る弾道ミサイル迎撃」「弾道ミサイル発射警戒時の米艦防護」「米本

土が武力攻撃を受け、我が国近隣で作戦を行う時の米艦防護」「国際的な機雷掃海活動への参加」「民間船舶の国際共同護衛」）は、集団的自衛権の対象として説明されているのですが、どれも、もしそこで武力行使をしなければ我が国の存立が脅かされ、国民の生命、自由、幸福追求権が根底から覆されるとは言えないものばかりです。

事例8「邦人輸送中の米輸送艦の防護」、事例9「武力攻撃を受けている米艦の防護」、事例12「弾道ミサイル発射警戒時の米艦防護」で提起されているのは、「同盟国であるアメリカの船が攻撃されたとき、それを守らなくていいのか」という問題になります。しかし、それが集団的自衛権を正当化する論理とどうつながるのか、その検討がなされたとは思えません。

まず、事例8は、安倍首相が集団的自衛権の必要性を主張する際にパネルで説明した「邦人を輸送するアメリカの軍艦を守る」というケースですが、序章で述べたように、邦人輸送はもともと自衛隊の役割ですから、米軍のミッションからすればあり得ない話ということになります。

事例9においては、米艦への補給の場面が想定されていますが、至近距離で並走するア

ホルムズ海峡タンカー爆発。京葉シーバースに接岸した商船三井の大型原油タンカー。
2010年8月24日（写真：毎日新聞社）

メリカの船への攻撃は、同時に自衛隊艦艇への攻撃とみなすことができます。この場合、集団的自衛権を持ち出さずとも、自衛隊法第九五条「武器等の防護のための武器の使用」による事実上の反撃が可能です。

事例12は、アメリカがすでに近隣で戦闘しているときのミサイル警戒です。先に述べたとおり、戦争態勢にある米海軍が、無防備でいるはずはない。米艦を守る以外の事例でみれば、事例10は交戦国に武器を運ぶ船の強制的な検査ですが、北朝鮮であれば、中国やロシアから陸路で運ぶことになるので、船の検査に意味があるとは思えません。

事例14「国際的な機雷掃海活動への参加」は、「ホルムズ海峡に機雷がまかれて石油が止まったら国の存立が脅かされる」ということで立てられた事例ですが、本当にこれが我が国の存立が脅かされる事態なのかどうか、ということを考える必要があります。まずイランの核開発に関するねばり強い協議が続行され、平和的解決が求められている現状では、常識的に考えて、そのような事例はあり得ないでしょうし、万が一、戦争になったとすれば、戦争が終わるまで民間のタンカーはペルシャ湾に入れないでしょう。湾岸戦争のときもそうでした。そもそも石油が止まって困るということはあっても、過去に経験したオイルショックを思い出せば、それで我が国の存立が脅かされたと感じた人はいなかったはずです。

技術的に不可能な事例

なお、事例11には「米国に向け我が国上空を横切る弾道ミサイル迎撃」というものが挙げられています。この事例は、第一次安倍政権時における「安全保障の法的基盤の再構築に関する懇談会」（安保法制懇）でも「四類型」のひとつとして提起されていたのですが、当時から私は「北朝鮮からアメリカ本土に向かってミサイルが発射されたとすれば、それを探知して撃ち落とすことは技術的に不可能です」と総理に指摘してきました。この点については、今もまったく同じことが言えます。

少し説明をするならば、北朝鮮からアメリカに向かうような長距離のミサイルは、弾頭を探知して弾道を計算できる頃にはすでに相当な高度・速度に達し、しかも日本から離れていきますから、弾頭よりも速度が遅く到達高度も低い迎撃用ミサイルで「追跡して」撃ち落とすのは、物理的に不可能ということになります。発射直後のミサイルを強力なレーザーで破壊する兵器が開発されれば話は別ですが、今のところ、そのような兵器が実現する目処（めど）は立っていません。

そこで今回の事例11は、日本を横切って、グアムやハワイへ向かうミサイルを想定していますが、実際のところ、北朝鮮がグアム・ハワイを攻撃するような事態になれば、そのときは当然日本にある米軍の基地も標的となります。いちばん近くにある報復拠点なので、放ってはおけない。つまり、「米国に向かうミサイル」は「日本有事」と一体であることを意味しますから、当然、個別的自衛権の対象となり、集団的自衛権とは関係ないと言えます。

さらには、こうした事態においてアメリカが日本に求めるのは、日本自身の防衛であり、アメリカは「日本に守ってもらう」ことなど考えていません。アメリカにはミサイル対処可能なイージス艦が三〇隻以上あり、日本には六隻しかありません。なけなしの日本のイージス艦をグアムやハワイの近海に持っていくよりも、それは日本の防衛に使い、グアム・ハワイはアメリカが自分で守ると考えるほうが自然でしょう。ちなみに事例13は、アメリカ本土が大量破壊兵器を搭載したミサイルで攻撃されるケースですが、どの国がアメリカによる報復を覚悟してそのような攻撃をするでしょうか。仮にそのようなことがあるなら、「アメリカには抑止力はない」と言っているのと同じことでしょう。まったく現実性がない事例です。

国際貢献に集団的自衛権は必要ない

この一五事例には、「国連ＰＫＯを含む国際協力等」として、事例４「侵略行為に対抗するための国際協力としての支援」、事例５「駆け付け警護」、事例６「任務遂行のための武器使用」、事例７「領域国の同意に基づく邦人救出」が挙げられています。

これらは「国際貢献のために集団的自衛権の行使容認が必要だ」というものですが、国連の集団的措置や多国間協力に関連するものであって、集団的自衛権を含む個別国家の自衛権の問題ではありません。

「国際貢献」という聞こえのいい言葉が使われていますが、もし他国の軍隊を守るために本格的武装をするならば、それは現地の武装勢力と本格的に敵対することを宣言するものであり、日本人がテロを含む彼らの攻撃対象になる、というマイナスの要素も当然、含まれています。しかし、こうしたリスクについての説明はありません。そもそも安倍総理自身がこのリスクについての認識がないのではないかと疑われます。そうだとしたら、一国の危機管理をするリーダーとして非常に懸念されるべきことだと言えるでしょう。

日本国憲法は、国際紛争を解決する手段としての武力行使を禁止しており、ＰＫＯ等における武器使用についても、相手が「国または国に準ずる主体」である場合、これに対して武器を用いることは国際紛争に該当する可能性がある、というのが、従来の政府解釈です。この解釈は、安保法制懇が指摘するように、国際紛争を停止・解決するための国際社会の行動と、我が国が当事者である国際紛争を同一に扱っているという点で、確かに改善の余地があり、また、国際的な秩序形成に我が国がもっと積極的役割を果たす必要があるという見方からも、再考されるべきものかもしれません。

しかしそれは、法理論というよりも、日本自身の国家像の問題であり、従来の解釈が「日本は海外において戦闘任務には従事しない」という国家像の表現であるならば、それを文理上のおかしさで一概に否定していいのか、という問題があります。

「他国並みの武器使用ができないから他国並みの任務を果たせない」ということではなく、我が国がどのような任務を果たす必要があるのか、という議論がまず必要でしょう。武器が任務を決めるのではなく、任務が武器を決めるのです。

たとえば、事実上最も厳しい治安情勢の下で行われたイラクにおける人道・復興支援では、治安維持にあたったオランダ軍を自衛隊が救援するニーズも能力もありませんでした。だからといって、自衛隊の活動が「他国並み」でなかったとは言えません。実際のところ、銃を使うことなく任務にあたった自衛隊の活動は、現地の人々から高い評価を受けたのです。

9・11をめぐる矛盾

これらの事例をめぐる国会での議論は政府の説明に矛盾を感じさせるものばかりでしたが、そのひとつに「9・11同時多発テロは集団的自衛権による武力行使の事例にあてはまるか」という質問に対する安倍総理の答弁がありました。

確かに、あの事件は日本国に対する攻撃とは言えませんが、ワールド・トレード・センターなどで日本人二四人がテロの犠牲になったという側面もあります。総理がパネルで説明した「日本人親子を乗せたアメリカの軍艦が攻撃される事例」が集団的自衛権による武力行使にあてはまるのであれば、9・11もまた該当するという論理になるはずです。

しかし、総理の答えは「9・11は該当しない」というものでした。とすれば、「日本人親子を乗せたアメリカの軍艦が攻撃される事例」もまた、我が国の存立を脅かす事態とは言えません。

政府が挙げる一五の事例を見ていくと、個別的自衛権で説明できるか、それを超えようとしたら国際法に反した先制攻撃になってしまうか、あるいは際限のない集団的自衛権行使になるかということになるでしょう。

結局のところ、政府が挙げてきた一五の事例には、現実性も論理的整合性もなく、まさに結論ありきで、具体的検討を経て出されてきたとはとても思えません。

3　効かない歯止め

基準がない「必要最小限度」

集団的自衛権が必要だとするこれらの事例に論理性がないということはさておき、万が一、他国への攻撃が我が国の存立を脅かすような状況になったとき、武力行使に対する歯止めはどこにあるのか、ということが問題になってきます。

ペルシャ湾からの石油が止まれば日本の存立が脅かされるとか、日米同盟は死活的に重要だからアメリカへの攻撃はすなわち日本の存立が脅かされる事態と認定される可能性が高いとか、そうした中間項を入れていくほど、対応すべき事例は無限に広がっていき、歯止めなどなくなってしまいます。

政府は、武力行使にあたっては「他に適切な手段がない場合、必要最小限度にとどめる」、そして「政府が総合的に判断して国会の承認を得る、という条件が歯止めになる」と主張していますが、これもまた現実性のない話だと言わざるを得ません。

まず「他に適切な手段がない場合」という点について言えば、「アメリカの船が攻撃される」という事例において、そもそもアメリカの船がなぜそこにいるのか、ということを問わなければなりません。「友達が殴られたとき」の話同様、武力を行使する以前に、そうした事態にならないよう日本がとるべき措置があるのではないか、という議論が必要だと思います。

また、「必要最小限度にとどめる」という表現は、個別的自衛権であっても当然必要な条件です。安倍総理は会見で「『必要最小限度の武力行使』というのは、今までの政府の考え方と同じ」だと発言していますが、これまでの政府は「我が国が攻撃された場合に、それを排除するための必要最小限度」と言ってきたのであり、集団的自衛権は我が国に対する攻撃がない場合の話ですから、いったいどの程度が「必要最小限度」なのか、我が国自身で決められず、後に述べるように、アメリカの「必要最小限度」に合わせざるを得ません。一度「行使できる」ということになれば、性格上歯止めがかかりません。つまり、表現としては似ていますが中身はまったく違うものなのです。

「必要最小限度」の意味するところも、安倍総理の発言とこれまでの政府見解とでは異なるのですが、そこをあえて混同させているように思えます。従来政府が言っていた憲法第九条の下で許される必要最小限度の武力行使とは、我が国が攻撃された場合の個別的自衛権だというものでした。この場合の「必要最小限度」は、武力行使するかしないかを判断するためのもの、いわゆるユス・アド・ベルム（戦争する理由の正当性）に相当します。一方、個別的自衛権を使う場合における「必要最小限度」は、武力行使をすると決めた後のやり方であるユス・イン・ベロ（戦争の方法・態様の正当性）の問題であり、それが

「自衛権発動の三要件」のひとつになっています。それを他国への攻撃の場合でも必要最小限なら集団的自衛権を使ってもよいというのは、武力行使の前提の正当性とやり方の正当性を混同した議論であって、非常にトリッキーな議論の立て方です。それに惑わされてはいけません。

「必要最小限度」はアメリカが決める

また、その「限度」は日本だけで決められることなのか、という問題があります。たとえば、攻撃を受けたアメリカの軍艦を助けるとして、「必要最小限度」で何ができるかと言えば、襲ってきた飛行機や船を自衛隊が追い返す、あるいは撃ち落とすということが考えられるでしょう。ただし、アメリカの軍艦は一定の作戦目的を持ってその場所にいるのですから、その目的を続行することになったとき、引き続き自衛隊に防護を頼む可能性も出てきます。つまり、「必要最小限度」の内容を決めるのはアメリカであり、必然的に、日本はアメリカの軍事的必要性に引っ張られざるを得なくなります。

「政府が適切に判断し、国会での承認を得る」ということもまた、歯止めになるとは思えません。なぜなら、特定秘密保護法により、判断するために必要十分な情報を政府や国会が得られない可能性が大きいからです。

実は、特定秘密保護法があってもなくても、友軍の情報は最も秘匿されなければいけない最重要機密です。米軍がどこにいて何をしているかが漏れたら、相手の攻撃目標になってしまうわけですから、特定秘密の対象としてトップに据えられるべき情報と言えます。ですから、情報開示されない中で政府が正しい判断を下せるかどうか、さらに何もわからない中で国会が承認できるかどうか、これはもう不可能だということになるでしょう。

「歯止めはある」という意見について

一方で、歯止めはちゃんとあり、従来の政府見解とも論理的につながっている、という主張もあります。

たとえば、阪田雅裕元法制局長官は、「日本に対する直接の武力攻撃でなくても、国の存立が脅かされる事態であれば、論理的に武力行使ができる、その考え方において連続性がある」と述べています。ただ、阪田氏は、本当にそういう事例があるのか、という懸念も示しています。

また別の意見では、「結果として、そういう事例がない以上は、七月一日閣議決定に沿った集団的自衛権は使いようがないはずであり、そこを厳格に見ていく限りにおいて、歯止めになるだろう」というものもあります。

こうした意見に対する私の考えは、次のようなものです。

従来の政府見解は、「日本が外国に攻撃をされ、それを放置したがゆえに日本の一定の地域が軍事占領されるという事態になれば、国民の生命、自由、幸福追求権は根底から覆される。したがって、こうした事態においては、憲法第九条の下でも自衛の措置をとることはできる」というものです。

しかし、日本が武力攻撃を受けていないのに自衛権発動が許される事例として説得力のあるものがひとつも挙げられていないのですから、論理的にはやはりあり得ないということになります。

「日本が攻撃されていない以上、武力行使は許されない」という点において、従来の政府見解と論理的につながる、という主張にはやはり無理があると言わざるを得ません。

第三章　バラ色の集団的自衛権

1 「普通の国」とは何か？

歴史的和解ができている「普通の国」

集団的自衛権が必要だという主張のひとつに、「普通の国」論があります。では、「普通の国」とは、いったいどういう国なのでしょうか。

集団的自衛権は「小さな国が寄り集まって大きな国に対抗するためにある」と言われることがあります。確かに、集団的自衛権を考案した南米諸国が唱えた当初の理念はそのようなものだったのでしょうが、実際にはどのような使われ方をしてきたかと言えば、一九五〇～六〇年代にソ連がハンガリーやチェコスロバキアの民主化弾圧のために軍事介入する、あるいはアメリカがベトナムやニカラグアへの軍事介入の根拠とする等、大国の軍事介入を正当化するための論理を助けてきたという歴史があります。つまり、集団的自衛権を必要とするのは、自国が攻撃を受けていないにもかかわらず展開できるだけの軍事力を持つ「大国」であって、けっして「普通の国」ではありません。

「普通の国は当然の権利として集団的自衛権を行使しているのだから、日本も容認するべきだ」という意見がありますが、米ソのように他国の戦争に軍事介入したり、自分から戦争を起こすようなことを「普通の国」がするでしょうか。もし、「普通の国」が皆、そんなことをしたとしたら、今頃、世界はめちゃくちゃになっていたでしょう。ですから、「普通の国」かどうかという基準で集団的自衛権を考えること自体がおかしいのです。

こう言うと、「しかし、ドイツは日本と同じ第二次世界大戦の敗戦国でありながら、集団的自衛権を使っているではないか。それなのに、なぜ日本は使えないのか」という反論が出てきます。これは非常に重要なポイントです。なぜドイツが集団的自衛権を使えているのかと言えば、それは、かつて戦争で戦った周辺諸国との和解ができているからです。

ドイツはNATOの一員として集団的自衛権を使い、アフガニスタンに派兵していますが、それはつまり、かつて敵国であったヨーロッパ諸国が同じコミュニティの仲間としてドイツを受け入れているからできることなのです。一方、日本は、特に中国と韓国との間で、戦時中の問題についての歴史的和解ができていません。その意味で、日本はやはり「普通の国」ではないのでしょう。日本が「普通の国」でないというなら、むしろ、この点を問題にするべきではないでしょうか。

2 何を抑止するのか？

争いの本質と抑止

集団的自衛権が必要だという論拠に、「抑止力が高まり、日本はもっと平和になる」というものもあります。私はこうした論理を「バラ色の抑止力」と呼びたいと思うのですが、ここで問題となるのは、では一体何を抑止するのか、ということです。

抑止力という概念は冷戦構造の中で進化してきたものであり、国際情勢が大きく変化した現在、どういう抑止力が必要とされているのか、という議論がまず必要なはずです。しかし、実際は「抑止力だから抑止力」という思考停止に陥ってしまっています。これは私の防衛官僚時代の反省も込めて言うことですが、本来、抑止力は軍事戦略的観点に基づいた十分な分析が行われた上で用いられるべき概念のはずなのに、「抑止力」と言えばなんでも通用するといった、ご都合主義的な利用のされ方をしているのは問題でしょう。

そもそも抑止とは何かと言えば、「攻めてきたら、やられた以上にひどい目に遭わせるぞ」という脅しであって、「懲罰的抑止力」、または「報復的抑止力」と呼ばれています。まさに冷戦時代の抑止がこれにあてはまりますが、冷戦期においては、報復が報復を呼び、最終的には核の応酬によって世界が破滅するという恐怖の認識が共有されていたため、米ソの同盟国も含めた相互の小規模な武力衝突も「抑止」されていた、という側面があります。

抑止力の概念にはもうひとつ、「拒否的抑止力」というものがあります。このふたつ目の抑止力については、中国をめぐる状況を例に説明していきましょう。

近年、中国がベトナムやフィリピンといった国々と南シナ海で領有権を争い、強硬姿勢を通じて既成事実を作ろうとしています。中国は、明らかにベトナムやフィリピンの領土だという場所には攻め込まないとしても、海上で無法をはたらいたり、無人島を勝手に占拠するというような嫌がらせをしていますが、それを尖閣諸島で行わないのはなぜでしょうか。

それは、日本の海上保安庁や自衛隊にそれなりの抵抗力があり、ベトナムやフィリピンのように簡単にはいかない、という認識が中国の側にあるからだと言えるでしょう。これが、相手の行動に対するコストを高める、つまり、「相手に勝手なことをさせない」という「拒否的抑止力」です。

軍事力によって抑止できるもの

「抑止力」と言うとき、そのほとんどが冷戦期の「懲罰的抑止力」を意味しています。しかし、現在の世界において、「懲罰的抑止力」の役割は低下しつつあります。たとえば、中国がいきなり沖縄や九州に攻めてくるということになれば、アメリカが、核を含む圧倒的な軍事力による「懲罰的抑止」を担うことになるでしょう。しかし、中国本土を壊滅させるような「懲罰」はアメリカ経済にとっても致命的な打撃となりますから、アメリカによる「懲罰的抑止」は非現実的な話です。

一方、軍事力による中国の一方的な現状変更を簡単にはさせないようにする「拒否的抑止」の役割を担うのは、主として自衛隊ということになります。何かあれば日本から手痛い損害を与える用意はある、だから中国は手を出してこない、という側面があることは事実であり、その意味では、抑止力という概念そのものは現在も有効に働いていると言えるでしょう。

そして、今必要とされている抑止力は、「こちらに何かしたら倍返ししてやり返してやる」という冷戦時代の「懲罰的抑止力」ではなく、「やろうとしても、そう簡単に思うようにはさせないぞ」という「拒否的抑止力」のほうだと思います。日本の自衛隊に関して言えば、特に海上防衛や防空に関しては世界でも有数の能力があるわけですから、その意味で、拒否力としての抑止力は現時点で日本は持っている、と言えるでしょう。尖閣諸島の領海に中国の船がどんどん入っているにしても、彼らの目標が、上陸して海上保安庁の船を追い出す、ということであれば、その後には我が国の自衛隊が控えているぞ、という拒否的抑止力をはたらかせることはできるのです。

最高レベルの「懲罰的抑止力」を持つアメリカにしても、もし中国がベトナムやフィリピン、台湾、あるいは日本に攻めてきたとして、どのような対応をとるかと言えば、やはり拒否的抑止力をまず使うことになるでしょう。具体的には、空母を出して「これ以上のことはさせない」と威嚇し、中国側の自制を促すという行動をとると思います。

それに対し、仮に中国が自制せず、アメリカの空母を攻撃してきた場合、どういう事態になるでしょうか。アメリカにしてみれば、空母というアメリカの力の象徴を攻撃されるのは本土を攻撃されるのと同じ意味合いになり、報復的な行動をとらざるを得ない、ということになります。しかし、そうして報復の応酬となったとき、双方の軍事紛争がいったいどこまで拡大するのか、その見極めができないことが、アメリカにとっても中国にとっても悩ましいところだと言えるでしょう。

アメリカと日本、抑止目標のズレ

ここで問われているのは、アメリカはいったい何を抑止するのか、ということです。オバマ大統領は二〇一四年四月に来日した際、「レッドラインは決めていない」と発言しています。つまり、アメリカはアジア地域で中国の何を抑止するのか、それが明確に定義できていないということです。

今回の集団的自衛権の議論では、安倍総理は「アメリカの船を守れば、抑止力が高まる」と言っていますが、アメリカの抑止目標がはっきりしていない以上、守るべきアメリカの船がいつ出てくるのか、今はわからないという状況です。ですから、こうした現実に当てはめてみて、アメリカが抑止する気がなければ集団的自衛権があってもまったく機能しない、という話になってしまいます。

日本の立場からすれば、中国がベトナムやフィリピンで行っているような乱暴が「明日は我が身」となっては困るわけですから、アメリカの対応で抑止してもらいたい、と願います。しかし、現実にアメリカがどういう対応をしているかというと、フィリピンが国際海洋法裁判所に提訴している訴訟などの法的解決を支援する、あるいは海洋監視能力をつけるために巡視船を供与するといった、要はアメリカが直接出なくてもすむような自助努力を奨励する方向性の援助です。

そうしたことから、日本はアメリカから見捨てられるのではないか、という漠然とした不安が生じるのかもしれません。しかしアメリカにしてみれば、日本のタカ派的アプローチが高じて、アメリカにとっては無益な日中の争いに巻き込まれたくない、という思惑があります。相互の抑止目標に食い違いがある以上、集団的自衛権といっても、結局、本当に守るべきアメリカの船がいるのか、と疑問に思わずにはいられません。

3 抑止力を高めて日本を平和にする?

安全保障のジレンマ——抑止力は高まるのか

次に、もし集団的自衛権によって抑止力が高まったとして、それは日本にとってバラ色の平和な世界を意味するのか、ということについて考えていきたいと思います。

抑止政策には、リスク要因がつきまといます。「安全保障のジレンマ」と「抑止破綻（はたん）」というふたつのリスクをどうコントロールするか、それが抑止政策における最重要課題と言えるでしょう。

まず、「安全保障のジレンマ」は、互いの抑止力を高めていくことによって生まれるものです。抑止力を高めるには、相手を攻撃するだけの能力、そして攻撃しようという意志、このふたつの要素が必要です。侵略する側について言えば、そのための攻撃能力がなければなりません。その能力を持ち、なおかつ攻撃をするという意志がある、これが「脅威」ということになります。

「脅威」に対抗するための抑止も同様に、相手が攻めてきたときに、それを跳ね返すだけの能力があり、実際に攻めてきたら攻め返すぞという意志がはっきりしている。そのことが伝わるから相手は攻撃を思いとどまる、それが抑止力の構造です。

「懲罰的抑止力」にせよ「拒否的抑止力」にせよ、この能力と意志によって構成されていることに変わりありません。抑止力を高めようとすれば、相手も「抑止されたくない」と能力を高めようとし、そのための意志もより強固になるという流れが加速していきます。

その結果、こちらが「もうこれだけ軍拡したから安心だろう」と思っていたら、隣の国はもっと強くなっていたということが起こり、どちらかが息切れするまで無限に軍拡競争が続いていく。これが「安全保障のジレンマ」です。たとえば、米ソが互いに抑止力を高め合った冷戦は、軍拡競争に耐えられなくなったソ連の崩壊を招きました。

仮に米中が軍拡競争を続けた結果、両者の力関係が完全に逆転し、アメリカがたとえインドやオーストラリアを自陣営に取り込んだとしても中国にはかなわない、ということになったとき、ソ連と同じ結末が自分たちの身にも起こりうる、ということを忘れてはいけません。現実的に考えれば、増大を続ける中国の軍事力に対抗するために、日本の防衛力を際限なく増大することが不可能なのは言うまでもないでしょう。「集団的自衛権で抑止を高める」一辺倒で進んでいったら、我が国は破綻し兼ねないのです。

本来は、無限に相手よりも強くなっていくという方向で資源投入をするのか、それとも抑止は抑止として備えつつ、国際的ルールを整備していくといった別の手立てで脅威の要因を減らしていくようなアプローチをとるのか、そのバランスを考える必要があるはずなのです。

問題は、現在の政府の説明から、こうした危機意識がまったく見えてこないことにあります。集団的自衛権行使により、さらにどれくらいの防衛力が必要になるのか、それに伴う財政的裏付けはどうするのかという説明もありませんから、それこそ中国に対抗してどこまでも軍備を高めていくということなのかもしれません。そうであれば、それが非現実的な方向性であることを政府は理解していない、ということになります。

抑止破綻のリスク——抑止力が高まれば平和になるのか

「安全保障のジレンマ」に加えて、抑止政策のリスクには「抑止破綻」も挙げられます。冷戦時代の米ソのように、全人類を五回以上殺せるといわれるだけの核兵器をお互いに持っているというような状況があって初めて、破綻しない抑止力というものが生まれたわけですが、お互いに抑止力を高めようとして、軍事的対応の意志と能力を向上させていけば、誤算や突発的衝突の危険性も増大し、いずれは抑止が破綻するという事態になります。そして破綻したときの損害は、抑止力が高まる分だけ大きくなるでしょう。抑止が破綻した場合、戦争というものは戦争としての論理が作用する世界ですから、どこで止めるかが非常に難しくなります。このまま拡大が続いていったらどうなるのか、ということまで考える必要があるのです。

「抑止力で平和になる」という主張は、冷戦時代の経験に引きずられているところがあるように思えます。しかし今は冷戦時代と異なり、軍拡競争の拡大で抑止力が高まっているというよりは、経済的合理性、つまり「戦争をしたら損だ」という認識が戦争を防ぐ抑止力になっていると言えるでしょう。戦争のコストは非常に高いものになっており、実際に戦争になれば自国の経済破綻につながり兼ねません。一方で、だからこそ、戦争にならない範囲でなら、ちょっとした衝突があってもいいのではないか、という意識もあるように思えます。

しかし、この「ちょっとした衝突」が思わぬ誤算により戦争にまで発展する可能性はゼロではありません。中国との関係で言えば、もし抑止の破綻により米中が戦争する事態になれば、中国はいちばん近くにいる敵、つまり日本の沖縄や佐世保、岩国あたりまでの米軍基地を攻撃対象にするでしょう。日本にとって、抑止が破綻したときのリスクはそういうものである、ということがもっと認識されなければなりません。

現在のところ、アメリカと中国は、「ここまでなら戦争にならない」というレッドラインをお互い引けないという状況で、小さな衝突が起これればどこまで拡大するのかわからないところがあります。このことがアジア地域の不安定要因になっているのは間違いありませんが、今の米中にとっての最優先課題は、こうした偶発的衝突を避けるための危機管理のルール作りであり、軍レベルの協議を通して、それに向けた努力が行われようとしています。日本としても、こうした状況を慎重に見極める必要があるでしょう。

4　日米同盟が強化される？

戦略目標の違い

二〇〇〇年代、ブッシュ政権が対テロ戦争に突入し、アフガニスタンやイラクに米軍を送るようになると、同盟国である日本に対し、憲法の制約を超えてより積極的な役割を果たす、つまり日本が集団的自衛権に踏み込むことを公然と求める発言が、アメリカ政府内で目立つようになりました。

しかし、イラク戦争の泥沼化を経て誕生したオバマ政権にとっての優先目標は、グローバルな対テロ戦争から手を引き、台頭する中国に対してアジア太平洋地域における軍事均衡を維持することへと変化し、米政府内でグローバルな協力を日本に求める声は勢いを失っていきます。ところが、今日本がやろうとしているのは、「世界の海に乗り出す」ことを志向する集団的自衛権であり、それはかつてのブッシュ政権の要請に応えるかたちの、いわば周回遅れのものであるように思えてなりません。

今回の集団的自衛権が、はたして現在のアメリカのニーズに応じる内容なのか疑問だと言えるでしょう。二〇一三年二月に行われた安倍総理とオバマ大統領の首脳会談でも、日本側が集団的自衛権をキーワードにした日米同盟の復活をアピールしようとしたのに対し、アメリカ側はTPP交渉への日本の参加や普天間基地の移設等の具体的な問題の解決を求めるという、双方の目的意識の違いがみられました。

オバマ政権の優先順位がアジアにおける中国との軍事均衡維持であるとして、アメリカと中国は、お互いに軍事的対決はしないという暗黙の了解を形成しています。しかし、アジアにおいてアメリカと中国が対立関係にあることは事実であり、それなのにアメリカが中国に対してどのような戦略目標を持っているのかがはっきりしないことが問題です。

このアメリカの迷いがあるがゆえに、日本はアメリカの戦略目標をどう助けていくのかが見えてきません。迷いがあるのは中国も同様であり、結局、今のアジアの軍事情勢の大きな変数は米中の意図なのですから、日本にとって答えの出しようがない問題だと言えます。

問題はオバマ大統領にあるのではない

こうしたアメリカの迷いをオバマ大統領の性格に帰する向きもありますが、おそらく迷いの源は、客観的条件から導き出されたアメリカの国益という観点によるものだと思います。

オバマ大統領があまりタカ派的言動をしないことは、日本にとって必ずしも悪いことではありません。もし、もっと勇ましい言葉を使うリーダーがアメリカの大統領になったとして、その言動に世論が高揚し、その声に押されて実際に軍事力を使わざるを得なくなるという事態になったとき、はたして日本はどういう立場に置かれるでしょうか。それを考えれば、「何をしていいかわからない」という今の状況は、まだ日本にとって幸いであると言えるでしょう。

これまで日本がアメリカの武力介入に反対したことはありません。日本とは直接関係ないところでの問題だからそれですんでいた、という側面がありますが、今後、集団的自衛権が行使できるようになったとき、アメリカの武力行使が「正しい」かどうかという判断はできるのでしょうか。その判断もできずに、アメリカに言われるままに参戦するということで本当にいいのだろうか、と疑問に思います。

レッドラインが見えない米中関係と違い、北朝鮮への対応については、どのような展開になるか、予想がつきやすいと言えますが、この際に問題となるのは、歴史問題をめぐって対立が続く韓国との関係です。朝鮮半島有事という事態になった場合、韓国はアメリカの協力があれば十分対応できると考えていますから、そこで日本が張り切って色々とやろうとすれば、現在良好な関係にあるとは言えない日韓の間に余計な摩擦を引き起こす可能性も出てくるわけです。しかし、アメリカにとって日本も韓国も同盟国なのですから、そのような事態の複雑化が歓迎されることはないでしょう。

期待が高まれば失望も大きい

こうして具体的に考えてくると、日本がアジアで集団的自衛権を行使することは、日米同盟の強化に役立つどころかむしろリスク要因と言えるのではないかと思います。集団的自衛権自体の是非はともかく、アメリカにとっては、アジア地域よりも、むしろグローバルな分野で日本が集団的自衛権を行使するほうが、戦略目標と一致するのではないでしょうか。

現実問題として、9・11直後の対テロ戦争への圧倒的な世論の支持はもはや過去の話となり、イラクやアフガニスタンで七〇〇〇人近い戦死者を出してしまったアメリカ社会の厭戦（えんせん）ムードは非常に強いものになっています。さらに、長年にわたる戦争にかかったコストはアメリカ経済に悪影響を与えており、介入に消極的なオバマ大統領から次の政権になっても、当分の間、紛争地域への地上兵力の投入は難しい、と考えられます。

こういう状況で、「グローバルになんでも協力します」と言うのは、見栄えはいいものの、ある意味、「そうは言っても、本当に『やれ』と言われることはないだろう」と高をくくっているようなところがあります。しかし、いずれにしても約束事としては残るのですから、将来再びアメリカが戦争をしようということになったときに「それはできません」と断ったら、期待を持たせた分、かえって日米同盟崩壊の危機になることが懸念されます。

おそらく、中東の安定化やウクライナ情勢といった課題で、すぐに日本が必要だということにはならないでしょう。しかし、いざ地上戦に突入して日本の支援が欲しいと要請されたときに、「それはやりません」と言えるでしょうか。やる気がないのに期待感を高めるというのは、同盟において最悪の行為なのです。

これは私が官邸にいたときの経験ですが、二〇〇八年になると、「イラクについてはある程度展望が見えたので、日本の役割をアフガニスタンのほうにもっとシフトしてほしい」というアメリカ側の要望がありました。当時の防衛省と外務省がアメリカに対してかなりやる気があるような発言をしていたこともあり、アメリカの期待は大きかったのですが、ねじれ国会が影響し、結局、「アフガニスタンには出せない」と返答することになりました。それを知ったアメリカの失望は、期待を持たせた分、相当なものでした。実務担当者として目の当たりにした、「日本は信用できない」という、怒りに満ちたアメリカの失望を忘れることはできません。

第四章　国際情勢はどう変わったか

1　戦争をめぐる要因・戦争のやり方

ポスト冷戦・グローバル化と戦争の変化

そもそも、戦争は富国強兵の論理の行き着くところです。資源の独占や市場の囲い込みといった方法で経済的に排他的な勢力圏をつくりあげる。そして経済力を強くすることが軍事力の強化にもつながっていき、軍事力の強化がさらに経済圏の拡大につながっていきます。このような循環が続いた結果、戦争が起こることになります。

戦争が起こりやすくなるのは、それまで支配していた大国に対して挑戦する力を持った国が出てきたときである、というのが歴史の教訓です。今、中国は紛れもなく富国強兵の論理で動いているわけですが、アメリカにおいては、その論理が逆に働いており、対テロ戦争の巨大な債務があるがゆえに富国強兵がうまくいかない、という状況になっています。

国家間の勢力争いの論理として、国同士のパワーバランスの変化は軍事対立の要因となりますから、米中のパワーバランスが変化しつつある現在の国際情勢は、確かにかつてなく厳しいものになっていると言えるでしょう。

しかし、米中という大国間で戦争が起こる可能性は、さほど大きくないと思います。その理由は、今がどういう時代かということを考えれば、自ずと見えてくるでしょう。

「新冷戦」と呼ばれることもありますが、今の時代はかつての冷戦とはまったく違う世界です。冷戦においては、政治的理念も価値観もまったく相容れない、アメリカを中心とする自由主義陣営とソ連を中心とする社会主義陣営が、経済的にもほとんど相互依存性がない中で、互いに強力な軍事力を保有し、対峙するという構図がありました。そして、両者の対立がエスカレートしていけば、その結果は最終的には核の撃ち合いに至るという破壊力の大きさゆえに、結果として冷たい平和が維持されてきたわけです。

しかし現在の我々は、冷戦が終わることによって政治理念や価値観の対立が弱まり、その一方で経済あるいはコミュニケーション技術におけるグローバリゼーションが急速に進む時代に生きています。このグローバリゼーションの影響が持つ意味は非常に大きく、世界の構造の大きな変化を促す主な要因となっていると言えるでしょう。

一見、国際社会の構造変化は、単に覇権国であるアメリカの一極支配が崩れ、中国やインドなどの伸張により多極化するところにあるように見えます。しかし、それはグローバル化した経済の中で結ばれている者同士の力関係の差であり、対立が生じたとしても、すぐに軍事的な応酬となって戦争に発展する、という流れとは違ったものになっていくでしょう。

グローバル化が進んだ現代は、富国強兵の論理の下、相手を排除して資源やマーケットを独占するということでは、経済活動が成り立ちません。経済活動は国家の存立の基盤ですから、それはすなわち、国の存立そのものが成り立たないことになります。二〇世紀と二一世紀のこれからの世界との違いは、まさにこの点にあります。「第一次世界大戦は、経済的相互依存関係にあった英独の間でも起こったではないか」という主張も見られますが、当時と今とではグローバルな経済的結びつきの深さは比べ物になりませんから、説得力のある意見とは言えません。

単純に国家間の力のバランスが変わったから一路戦争に向かうということではなく、そうでない選択肢も用意されているのが、現代の大きな特徴です。今は、「利益誘導」や「説得」、さらには国際的ルールや制度の整備によって、戦争をしないことが可能な時代であり、その中で我々は生きているのです。

伝統的脅威と新たな脅威

そうした視点で現在の世界を見てみれば、アメリカと中国の間にパワーシフトがあり、インドやロシアも含めたブリックスのような新興国と既存のパワーとの力関係の変化には、過去の歴史的経験はあてはまらないと言えるでしょう。これらの国々は経済的に深く結びついているため、むしろ戦争のコストが高まり、戦争をしにくい状況にあります。冷戦時代の米ソ関係と現在の米中関係の決定的な違いは、お互いに最大の貿易・投資のパートナーであり、核の応酬で相手を破滅させてしまうような戦争をすれば、自分も計り知れないダメージを受けることになるという共通認識があることです。

グローバリゼーションにはこのようなプラス面がある一方、武器や軍事技術の流通の範

大量虐殺のあったルワンダ・ナラマの教会。遺骨や衣類が散乱。
1994年10月5日（写真：毎日新聞社）

囲が広がることで国家ではない存在も武器を入手し、容易に戦争ができるようになるという、負の側面も生み出しました。

たとえば、一九九四年にルワンダのフツ族とツチ族が対立して大虐殺が起こりましたが、そこで使われたのは、主に鉈や棍棒などでした。しかし、現在のイスラム国をみると、石油密売で得た資金でアメリカ製やロシア製の兵器を入手するという事態になっており、その軍事力の影響はルワンダ紛争とは比較になりません。イスラム国や国際テロといった新たな脅威が拡大しているのは、世界の安全保障にとって大きな懸念材料と言えます。

アイデンティティの対立と軍事力の限界

グローバリゼーションが生んだ格差社会の世界的な広がりもまた、考えなければならない負の側面です。格差社会の底辺から抜け出せない人々の閉塞感は、日本や中国のように国として長い歴史を持っているところではナショナリズムへと収斂（しゅうれん）し、それが領土問題やナショナリスティックな感情の対立をもたらす要因となっています。

しかし本質的には、グローバリゼーションによるボーダーレスという状況が進むにつれて、もはやボーダーによって仕切られた国民国家はアイデンティティとしての意味を失いつつあるのではないかと思います。特に、中東やアフリカの国境線は、かつて西洋列強が勝手に引いたものですから、これらの地域にはもともとナショナルなものがありません。彼（か）の地の人々の閉塞感は、ナショナルなものにとらわれない民族的な、あるいは宗派的なアイデンティティへと向かっているわけですが、この流れは、今以上に大きくなっていくと予想されます。

大国同士の戦争は簡単には起こらないようになったけれども、アイデンティティをめぐる要因は各地で内戦を生み、武器の拡散という条件も相まって、破壊や殺戮（さつりく）の度合いはいっそう強くなっている。これが今日の世界がおかれた状況と言えるでしょう。そして軍事力の行使という手段は、今そこにある人権の危機や大量虐殺を阻止するときには対処療法的役割を果たせるでしょうが、こうした今日的課題の根本的解決にならないというのは、イスラム国をめぐる国際社会の対応からも明らかです。

しかし、いまさらグローバリゼーションを否定することも、この時代の流れを止めることもできません。必要とされているのは、たとえグローバリゼーションが進む中であっても、争いの要因となる貧富の格差をどのように是正していくか、そのための努力であるはずです。各地で内戦や民族的・宗教的対立が深刻化する今の状況を考えれば、その努力を一刻も早く始めなければなりません。

2 「米国による平和」の行方

米国はなぜ「世界の警察官」であり得たか

今、唯一の覇権国としてのアメリカ一極支配の時代が終わろうとしています。アメリカが覇権国だったのは冷戦終結後に限りませんが、その力の低下が問題になっている現在、なぜアメリカはこれまで覇権国であり得たのか、ということについて考えてみたいと思います。

アメリカが世界の覇権国となり、パックス・アメリカーナが成立したのは、まず軍事力、次に基軸通貨であるドルの力、そして、アメリカの覇権を正当化するためのアメリカ流のルールが国際的に受け入れられているという、この三つの条件が揃っていたからだと言えるでしょう。

軍事力について言えば、第二次世界大戦中、アメリカの強大な軍事力は世界中に展開され、それはそのまま冷戦の東西対決の中で活かされることになりました。また、戦場となることで傷つき疲弊したヨーロッパと異なり、本土が攻撃されなかったアメリカの生産力は急成長し、その経済力を背景に、軍備増強に力を注ぐことができたわけです。

また、世界一の経済大国となったアメリカは、基軸通貨であるドルの絶対的信頼を背景に、戦後、マーシャル・プランをはじめとする経済援助を各国に行い、ドルの力で世界中に金をばらまくことで経済を復興させて、アメリカがその製品を買うという、アメリカを中心に回る世界経済の大きな流れを作りました。

戦後のアメリカによる大きな流れを支えた背景として、ＩＭＦ（国際通貨基金）などさまざまな国際機関を作ることによって、アメリカが世界経済のルール作りを主導し、そのルールが世界で受け入れられたというのも重要な点です。世界各地で武力を行使する「世界の警察官」を国際世論が止められなかったのは、単にアメリカの軍事力・経済力が強大だから、というだけではなく、たとえアメリカにとって有利なルール設定だったとしても、アメリカが定めたルールに一定程度の普遍性や正当性があったということだと思います。

それはどのように変わったか

では、アメリカが「世界の警察官」として行動できた三つの要因は、現在、どう変化しているのでしょうか。軍事力については今でも世界最高の水準であり、他の追随を許さないことに変わりありません。中国の軍事費が一〇年で四倍になったと言っても、アメリカはさらにその三倍の軍事費を使っているのですから、比べ物にならないレベルなのです。しかし、アメリカの軍事費減少という現在の流れが変わらず、一方で中国の軍事費がこのまま増え続けることになれば、米中の軍事力は、いずれどこかで逆転することになるでしょう。

本当にそんなことが起こりうるかというのは、今後の米中の状況次第としか言えず、実際問題としては先が見えない状況です。ただ、アメリカと中国の軍事力を比較したとき、最も特徴的な違いは、アメリカがその軍事力を世界中に展開させているのに対し、中国の軍事力はまだ限定的な範囲でしかない、という点でしょう。

中東やアフリカの秩序を維持しているのは、アメリカやその同盟国であるヨーロッパの国々であり、中国ではありません。確かに、南シナ海までの地域における中国海軍には相当の存在感がありますが、そこから先の中国のシーレーンを誰が守っているかといえば、それは依然としてアメリカです。ただ、アジアにおいては中国に地の利があるわけですから、アジア地域に限定すれば、戦略次第では、やがてアメリカに対抗するだけの力がついてくることは予想されます。

アメリカの覇権が揺らいでいるのは、主に経済的な力関係においての話でしょう。依然として基軸的通貨ではあるものの、ドルの力は弱体化しており、進む一方のドル安傾向をアメリカは放置せざるを得ない状況です。

興味深いのは、アメリカがアジア地域において、軍事的にはそれほど深い関与をしようとはしない一方、アジアの経済成長を取り込むことには大きな関心を持っていることです。TPPという、この地域における新たなルール作りもアメリカ主導で行われていますが、ルールに従うなら対立関係にある中国にもオープンであるという点で、TPPは、二〇世紀前半のような経済的勢力圏の囲い込みとは意味合いが異なる枠組みと言えるでしょう。

こうしたアジア地域でのスタンスに見られるように、現在のアメリカは、アメリカ一極という構図は放棄しつつ、アメリカにとって好ましいルールが適用されるようなかたちで世界を再編しようとしているのではないかと思います。つまり、軍事的なプレゼンスをそれほど高めず、多少弱くなったとしても依然としてドルが主要な取引の通貨であり続ければいい、という姿勢です。中国にとっても、決済通貨であるドルの安定性やアメリカによるグローバルな海洋秩序は非常に重要なものであり、その意味では両者の利害は一致しているということになるでしょう。

しかし、アメリカが、伸張を続ける中国とどこでどう折り合いをつけるのか、その先行きは不透明であり、アジア情勢を不安定なものにする要因となっています。

3　米中の力関係

すべての論者が指摘する中国の台頭

二〇一〇年、中国はGDPで日本を超え、世界第二位となりました。この頃から、中国は自らを「大国」として位置づける志向を強め、それを反映した強硬な外交政策が目立つ

中国の公表国防費の推移

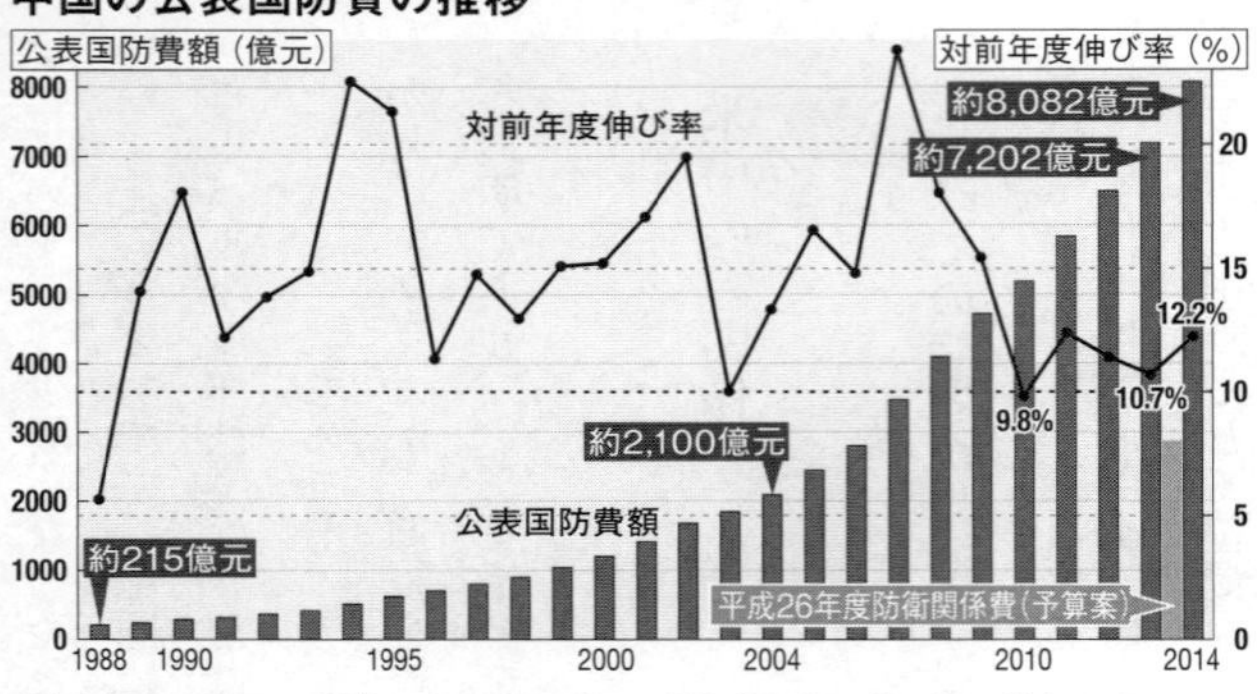

中国の国防費は、過去26年で約40倍に、過去10年で約4倍に増加した。
＊『平成26年版防衛白書』をもとに作成。

ようになりました。

「中華民族の偉大な復興」という、文字通り大国化を目指すスローガンの下、中国は高い経済成長とともに国防費の対前年度比が一〇パーセント以上の伸びを続け、今や自国の防衛や台湾への軍事介入に必要な限度以上の軍事力を備えようとしています。そして、強大な軍事力を背景に強硬な外交姿勢をとり、その一環に尖閣をめぐる対決姿勢も含まれると言えるでしょう。アジア限定ではありますが、中国がアメリカの圧力に屈しないような軍事力を持とうとしているのは明らかです。

中国の大国化という流れが今後どのようになっていくかについては、専門家の間でも議論が分かれています。三〇年後の中国がどうなっているか、また、米中の力関係やアジア地域の状況がどう変化していくか、現時点で予測するには不確定要素が多すぎます。

しかし、三〇年先のことはわからないとしても、おそらく一〇年は、中国の大国化という流れに大きな変化は起きないと思います。となると、この一〇年で何をするかが問われるわけです。

中国はどうなるのか

危機感を煽る人々は、現在の状況が続けばやがて米中の力関係が逆転してしまう、と主張していますが、これにはふたつの問題があります。

ひとつは、中国の大国化というトレンドがこのまま続くのか、ということです。もし続いたとして、それは中国自身にとって利益になることなのか、そもそも、急速な少子高齢化や労働人口の減少により、貧富の格差も広がる中で、中国の大国化が続くというのは経済学的、社会学的に見て妥当な結論なのか、という分析が必要なはずなのですが、中国の脅威を声高に叫ぶ主張には、こうした理論的裏付けがみられません。
もうひとつの問題は、もし中国がアメリカを凌駕するという悪夢が現実のものになると仮定した場合、それは一種の軍拡競争になるわけです。軍事力拡大という手段で中国に対抗していったとき、はたしてアメリカも日本も持ちこたえられるのかということは、必ず検証しなければならない課題と言えます。

実際のところ、「中国が今後どうなるか」という問いに対する正しい答えは誰も持っていません。「中国の経済成長はすでに限界であり、今のようなペースでの成長は続けられず、軍事力も増強できない。政治的にも、中国はアジアの中で孤立していくだろう」という見方もあります。

中国はこれから先、日本以上に少子高齢化が急速に進んでいきますから、社会のセーフティネットができていない中で貧富の差が拡大している、という不安要因は否定できません。

政府の債務も増え続けており、今までのように経済成長で得た富を軍事費の増加に還元していけるかどうか、この点についても、多くの専門家が疑問視しています。

現在の中国について言えるのは、アジアにおいてはアメリカに対抗できるだけの軍事力を持ちつつあるものの、いまだグローバルな正当性を持ち得ないという点で、アメリカの覇権にチャレンジするだけの能力はないということです。

中国は、アメリカが作った秩序の恩恵を受けながら、自分の近くの勢力圏の中では、中国主導の新たなルール作りを模索しています。しかし、中国が「今の海洋法のルールは西洋列強が押し付けたものだから自分はそれに拘束されない」と言ったとしても、その主張が世界中で通用するわけではありません。

ここが、曲りなりにも「世界の警察官」として受け入れられてきたアメリカとの違いであり、その意味では、現在の中国のソフトパワーはアメリカに対抗できるものではなく、かつてのアメリカのような、普遍的なルールを作ることができる立場にもないと言えるでしょう。

4　日本の立ち位置——アメリカと中国の狭間で

日本の立ち位置はどうあるべきか

　米中のこうした歴史的にもユニークな対立関係の下、日本の立ち位置はどこにあり、そこでどのように振る舞えばいいのか、ということが問われています。いずれ中国が覇権国になるのだから、結局は中国に従わざるを得なくなるという意見がある一方で、最後の最後までアメリカの力に頼り、アメリカに貢いでいかなければならないという主張も見受けられます。アメリカに従属した結果、アメリカが没落するなら一緒に没落していくのか、それとも中国に追随せざるを得なくなるのか、このふたつの選択肢のどちらも望ましい答えであるとは言えないでしょう。

　日本には軍事的にも経済的にも世界有数のインフラがあり、それをどう使うかというのは、政治の意思の問題です。日本一国で軍事的にすべてをカバーして防衛するということはできないにしても、アメリカか中国か、どちらかに従属せねばならないという発想自体が、実は今の国際情勢に合わなくなってきている面があります。つまり、第三の道を探求すべきなのです。

私が最も可能性が高いと考えるのは「無策の策」、つまり、今はまだ不透明な米中関係の行方がもう少し明らかになっていくまで、はっきりとした方針を決めない、というスタンスです。

現在の状況がどこへ向かうのか、当事者であるアメリカも中国もわかっていないのですから、何もわからない状況で無暗(むやみ)に行動するよりも、米中が自ら解決するのを動かずに待つ、というのも選択肢のひとつではないかと思います。何もせずにただ待っているというのではいけませんが、自覚的かつ慎重に情勢を見極めることも、ひとつの戦略なのです。

冷戦時代の経験を振り返れば、米ソもやはり、どこにレッドラインがあるのかを互いに探りあうような時期がありました。日本近海においても、アメリカの船とソ連の船がかなりのせめぎ合いをしていたのですが、そうした状況を踏まえて、日本は個別的自衛権を行使して宗谷・津軽・対馬の三海峡を防衛し、周辺海域や一〇〇〇海里のシーレーンを守ってきたわけです。それはすなわち、当時のアメリカの戦略的構想とも合致するものでした。

米ソは、こうしたせめぎ合いを何十年も続けた後、ようやく互いに暗黙のルールというものができ上がり、突発的衝突の危険が回避されるようになっていったのです。今のアメリカと中国は、この暗黙のルールができる以前の状態にあるといえるでしょう。ですから、具体的なアメリカのニーズがどこにあるのか、それが見極められるようになってから態度を決めるのでも、けっして遅くはないと思いますし、むしろ、あわてて事を進めないほうが、日本の立ち位置は有利になるのではないかと思います。

アメリカは日本を守らざるを得ない

今日本が持っている危機感がどこからくるかと言えば、アメリカは結局、日本を見捨てるのではないか、そして、見捨てられたら中国に降(くだ)らざるを得なくなるのではないか、という懸念です。そもそも、アメリカに従うのが屈辱的でなくて中国に従うのは屈辱的だというのは道理に合わないと思いますが、いずれにしても、そのために日本はアメリカを軍事的にも助ける必要がある、という前提には同意できません。

日本は、アメリカにとっても、中国にとっても、もはやなくてはならない存在です。特にアメリカにとって、太平洋を挟んでアジアのいちばん縁に日本があるということは、アメリカが何らかのかたちでアジアに関与・介入していく場合の拠点となるわけですから、地政学的に非常に重要なのです。冷戦時代、アメリカは対ソ戦略の一環として、日本が個別的自衛権を使って日本の三海峡や周辺海域、一〇〇〇海里のシーレーンを守ることを求めたわけですが、相手がソ連から中国に変わっても、この地理的要因はまさに代替のきかないものとして、最後まで残るものだと言えるでしょう。

もし日本がアメリカの同盟国でなかったとしたら、アメリカがアジアで何か行動を起こそうというとき、空母を修理するためには、広大な太平洋を抜けて西海岸まで戻らなければなりませんから、往復何十日かの軍事的ロスが生じてしまいます。しかし、日本に米軍基地があるおかげで、修理は横須賀で行うことができ、そこから一足飛びにアジアの国々へ向かうことができるわけです。また、アメリカが大規模な軍隊を養うために必要とする補給兵站能力を単独で担う能力があるという点も、同盟国として日本の大きな魅力に挙げられるでしょう。

アメリカがアジアに関与することを諦めるというなら、日本と組むメリットもなくなるわけですが、その選択はアメリカ経済、ひいてはアメリカという国の破綻を意味しますから、基本的には、何があってもアメリカは日本を見捨てるわけにはいかない、と考えるのが現実的だと思います。アメリカにとって日本を手放さないことにより得る利益は、日本が感じている以上に死活的に大きいものなのです。

中国は日本と決裂できない

では、中国の場合はどうでしょうか。いかに大国であっても、日本の技術や部品が入ってこなければ、中国の経済活動は成り立ちません。日中の政治的対立は厳しさを増していますが、経済的に日本と完全に決裂することは中国にとってもダメージが大きく、その選択肢はまずあり得ないと言えるでしょう。

また、日本はアメリカにとっても中国にとっても最前線にあります。アメリカを地政学的優位に立たせる日本の位置は、中国の側から見れば弱点ということになるわけです。仮に、中国がアメリカと対決する事態が起き、太平洋に中国海軍を出そうとするとき、もし日本が敵対的であれば、中国は日本列島の間を通らないと太平洋に抜けることができなくなってしまうのです。

アメリカが中国と戦おうと思ったら、日本という拠点を抜きにしては考えられないですし、中国が対アメリカ戦争を決意したら、まず日本と戦わなければ、アメリカに挑むことはできません。このような米中双方における日本の重要性を考えれば、そうした日本の優位性をもっと日本自身のカードとして使っていけるのではないかと思います。逆に、その立場の使い方を間違えれば、真っ先に攻撃されるという不利な立場だということも頭に入れておかなければなりません。

日本は、「アメリカに守ってもらわなければダメなんです」というような自信のない姿勢ではなく、これだけ基地を提供していることで、政治的にも軍事的にも経済的にも非常に大きな利益をアメリカに与えているのですから、もっと大きな顔をしてもいいくらいだと思います。

中国に対しても、中国の船が沖縄の周辺を通る際、情報収集はしても妨害はしないという態度ではなく、「本気になったら、おまえらの船なんか通れないんだよ」という、中国も認識しているその高い能力を、もっと日本の強みとして考えて行動していくような発想が必要ではないでしょうか。

確かに、日米同盟により日本はアメリカと軍事的に一体化していますから、米中との等距離外交は難しいという面があります。しかし、日本は、アメリカにも中国に対しても、「じゃあ日本を失って、本当にそれでいいんだな」と言える立場にあるという認識を持つのは、それとは別の話でしょう。現状は、アメリカから「現在の日本の立場を失っていいんだな」と言われてうろたえているというところですが、本来は、こちらからも同じことが言えるわけで、お互い様の話なのだということを忘れてはいけません。

第五章　集団的自衛権は損か得か

1 日米同盟のバランス感覚

基地、カネ、ヒトそして「血」

安倍総理は、二〇〇四年に出した『この国を守る決意』という対談本で、祖父の岸信介は、六〇年安保のときに日米安保条約を改定してアメリカの日本防衛義務というものを入れることによって日米安保を双務的なものにした、自分の時代には新たな責任があって、それは日米安保条約を堂々たる双務性にしていくことだという話をしています。

しかし、「双務性」ということで言えば、集団的自衛権が日本にとってプラスかマイナスか、というバランスシートを検討する必要があるでしょう。

集団的自衛権の論拠のひとつとして、今の安保条約ではアメリカは日本を助けるが日本はアメリカを助けないというアンバランスな関係だからそれを是正しないといけない、というものがあります。しかし、この議論には、日米安保条約におけるバランスはもともとそういうものだったという視点が欠けていると言わざるを得ません。安倍総理の尊敬する祖父岸信介総理が作った六〇年安保でも、「日本は基地を提供する、アメリカは日本を防衛する」というバランスは維持されていたわけです。

日米新安保条約が自然成立した1960年6月19日午前0時過ぎ、笑顔を見せる岸信介総理。
（写真：毎日新聞社）

しかし、このバランスは、次第に日本側の負担を増す方向へとはたらいていくことになります。まず打ち出されたのは、いわゆる「思いやり予算」に始まる駐留経費負担です。これは、日本の高度経済成長と、アメリカが経済不況に陥ってドルが値下がりしていくという背景で要請されたものでした。

次に、日米同盟のバランスにおける日本の「負債項目」が急増したのは、八〇年代の中曾根内閣の時代です。ＮＡＴＯ諸国とともに実質三パーセントの防衛費増額をめざし、一〇〇〇海里シーレーン防衛といった、日本の自助努力を強化する政策により、これまでの基地提供と経費負担以上の役割を日本は負うことになりました。

さらに、二〇〇〇年代にアメリカが対テロ戦争を始めると、国連協力というかたちではありましたが、実質的には同盟協力として日本は自衛隊を海外に派遣し、戦後処理等を行っています。この段階で、基地、経費負担、自助努力に加えて人も出すというかたちが日米同盟のバランスとなったわけです。

そして今は、「アメリカが攻撃を受けたときに日本も血を流さなければ、完全なイコールパートナーとは言えない」、つまり「人」の血を流さなければ、日米同盟のバランスが成り立たないという論理が進められています。

しかし、日米同盟のもともとのバランスからさまざまなかたちで日本の負担が増していったことを考えれば、「血が必要だ」という話がどこからきたのか不思議でなりません。アメリカのために「血」を流すというバランスシートは明らかに日本にとって損であり、不利なものです。

イスラム国で「血を流す」のか?

確かにイラク戦争当時、国連決議は出たものの国際的孤立を深めていたアメリカを有志連合の一員としてサポートすることは、非常に重い政治的な意味があったと思います。そのときとは情勢が異なる中、「血を流す」のが日本にとって望ましいものかどうか検証することは当然として、対テロ戦争から手を引きつつある現在のアメリカが今も日本が「血を流す」ことを望んでいるのか、ということを考える必要があるはずです。

仮に「血が必要だ」として、今、日本がどういうケースで「血」を流すのか、というシミュレーションを行うならば、イスラム国掃討のために地上兵力を投入するケースがアメリカのニーズとして最もわかりやすく、「血の同盟」を実現する機会になると思います。

ただし、そこには日本に対する報復テロという大きなリスクがあり、これまで中東で手を汚してこなかった日本が、和解に向けた仲介の努力もできるというポジションを失うことにもつながりますから、「血を流す」ことが日本に望ましいかどうかという視点からは、やはりマイナス要因と言わざるを得ません。

安倍総理は「イラク戦争や湾岸戦争のようなものには参加しない」と発言しています。しかし、たとえ安倍総理の意向として「参加しない」としても、一度憲法上の制約を外してしまえば、集団的自衛権はもともと限定できるようなものではありませんから、後から法律を作って、いくらでも行使できるようになるでしょう。本来は、単に総理の意向で「参加しない」と言えることではなく、憲法解釈の必然としてそうした結論が出てくるような論理だった説明をしないといけないはずですが、限定されないという集団的自衛権の性格上、そのような説明は不可能だと思います。

「血を流す」例として政府が挙げているのは、日本の近海で日本を守るために警戒にあたっているアメリカの船が襲われたときに日本も救出のために出動する、というケースですが、こうした状況下で日本が血を流してアメリカを守るのはアメリカのニーズではありませんから、そもそも現実に即しているとは言えません。また、このような場合にしか集団的自衛権を行使しないのであれば、それは本来の集団的自衛権から離れた、単に日本人を守るための集団的自衛権という、ある意味、非常に利己的なものと受け止められてしまうでしょう。

このように政府の説明にはあまりにも矛盾が多く、いったい何のために「血」が必要なのか、まったくわかりません。こんないい加減な論理で自衛隊員の命を危険にさらすのかという憤りすら感じます。

同盟のバランスはとれている

問われるべきは、同盟という客観的な国家間の国益の取引において、「対等になるためには血が必要だ」という安倍総理の主張は本当に正しいのだろうか、ということです。

安倍総理は「日米安保条約を堂々たる双務性に」したいと述べていますが、日本とアメリカの軍事的ポジションや力の差を考えれば、軍事的に完全に双務的というのはあり得ない話です。しかも、「双務性に」したいということが自己目的化しており、それによってどのように日本の安全が高められ、世界の平和を構築していくのかという説明もありませんし、自衛隊員の「血」を流して何をアメリカに言いたいのかもわかりません。

そもそも、同盟の目的は日本とアメリカで違いますし、アメリカは日米関係において完全に双務的になることなど求めてはいないはずなのです。

アメリカはグローバルな覇権国であるがゆえに日本との同盟を必要とし、日本に基地を置く必然性を持っています。しかし、自国の防衛を目的とする日本がアメリカに基地を置く必要はありませんし、もし日本がそうした必然性を持つ覇権国だとしたら、アメリカは日本を同盟国として選ばないでしょう。

そう考えれば、同盟のバランスは同種同量でなければいけないわけではなく、互いの目的に合致しているか、という点が重要となります。日本にはまずアメリカにとって必要不可欠な基地を提供しているという大きなアドバンテージがあり、それに加えて財政的支援を行い、政治的にアメリカの助けになるようなかたちで人も出すようになったのですから、現在でも同盟のバランスは十分とれていると言えるでしょう。

アメリカが日本に求める最重要事項が何かと言えば、アジアにおける前線拠点であるべき日本を日本自身が血を流してでも守る、ということです。日本はそれが可能な防衛力を有しているのですから、その意味で、「血」という要素は、安保条約第五条の中に当然含まれていたことになります。そうした認識もなく、急に「血」が必要だと言われても、理解に苦しむとしか言いようがありません。

2 米中対決のシナリオと日本の役割

西太平洋戦争のシナリオ

冷戦時代のアメリカとソ連の関係では、両者は政治体制もイデオロギーも違う、まったく相容れない体制であり、お互いの存在そのものが対立要因だったわけです。けれども、アメリカと中国は、民主主義や人権といった価値観においては相容れないものの、経済的には相互に深く結びついているという、非常にユニークな対立関係にあります。また、両者の間には直接の領土問題はありませんから、紛争が起こるとすれば、結局、海洋のルールをめぐる争いになるでしょう。

アメリカと中国にとって最大の関心事は、西太平洋における行動の自由や制海権をどちらが握るのか、ということです。もし両者の間に軍事衝突が起こったとしたら、それは西太平洋戦争になるでしょう。西太平洋には南シナ海も含まれますが、この海域でアメリカの空母が自由に出入りできるとすれば、そこから中国に対する攻撃が可能になります。逆に、中国の原子力潜水艦がそこに潜んでいればアメリカ本土にミサイルが届くことになり、まさに軍事的な焦点と言える場所です。

アメリカ側の主張は、航行の自由はアメリカの死活的利益だというものであり、それに対して中国は、自分の排他的経済水域の中でアメリカが演習や情報収集といった軍事行動をするのは認めない、という立場です。さらに、中国にとっての死活的利益は、西洋によって蹂躙（じゅうりん）された、かつての清（しん）の時代の最大版図を原状回復することだと主張しています。

両者のせめぎ合いの舞台となっている南シナ海は、世界の貿易量の約三分の一が関わる重要なシーレーンであり、その航行の安全は実際、アメリカの死活的利益です。そしてその背景には、航行の安全を守る海軍の行動は自由であるべきだというアメリカの価値観があります。一方の中国の「大中華の復興」という論理の背景には、南シナ海の資源を獲得したい、そしてそこに軍事拠点を作って軍事的優位を保ちたい、といった動機や思惑が交じり合っていると思われます。

アメリカにとっては、「航海の自由」が旗印なわけですから、民間船舶やアメリカ海軍の行動に直接有害な影響を及ぼさないのであれば、西太平洋における中国の行動に多少の不安があったとしても、すぐに軍事的な対応をとるということにはなりにくいでしょう。中国の側も、海軍ではなく海警局の船を使って権益確保のための法執行という手段をとるなど、アメリカが本気で軍事力を出さないように配慮しています。つまり、お互いにどこまで許されるのか腹の探り合いをしている状況にあるわけです。

最前線基地としての日本——米中戦争における日本の役割

米中のレッドラインがどこにあるのかわからないことが、東アジアにおける不安定要因になっているのですが、起こりうる可能性の中で最も烈度の高い米中の戦争を前提にした場合、いったいどのような事態が想定されるのか、その議論を抜きにして、集団的自衛権や防衛力のあり方を論じることはできません。

今後起こりうる最悪の米中の軍事対決のケースでは、いわゆるエア・シー・バトル・コンセプトに基づき遠方から中国の軍事インフラを攻撃する可能性が高いでしょう。

これは、潜水艦や対艦弾道ミサイルによってアメリカの空母が西太平洋で自由に行動できないようにする中国のA２／AD（接近拒否・領域拒否）能力に、アメリカが対抗する手段としての概念です。中国には正面からアメリカの空母と戦って勝つだけの能力がまだありません。空母にとっての最大の脅威は潜水艦ですが、日本の周辺を通る潜水艦はすべてキャッチされていますから、潜水艦による空母の直接攻撃も難しいはずです。

そこで、たとえば西日本にある米軍基地や通信網をサイバー攻撃も含む先制攻撃によって無力化し、南シナ海、東シナ海、台湾周辺といった中国の周辺において、アメリカ軍に干渉されずに中国軍が自由に動き回れる空間を作り出す。米中の軍事対決で中国がとる戦略は、おそらくこのようなものになるでしょう。

アメリカ側は、そうした戦略に対抗するために、特に中国のミサイルの射程の外に兵力を分散配置し、あるタイミングを捉えて反撃していくシナリオを考えています。そこで中国の移動式発射台を狙うことは難しいため、ミサイル管制システムといったものを無力化すると同時に中国の衛星や通信網も攻撃していく、ということが考えられるでしょう。

こうした米中間の戦争が想定されるとして、日本はいったいどういう役割を担うことになるでしょうか。基本的には、個別的自衛権で日本本土や日本の周辺海域を守るという従来の方針にのっとることで、アメリカのニーズは満たされると思います。

集団的自衛権が必要となってくるのは、中国を牽制（けんせい）するために南シナ海に展開してきたアメリカの空母機動部隊に対し、中国が潜水艦やミサイルで攻撃するという事態が起こったときです。こうしたケースは日本有事とはいえませんから個別的自衛権の範囲ではなく、同盟国を守るために集団的自衛権が活かされることになるでしょう。

その場合、自衛隊には攻撃してくる潜水艦を沈めるだけの能力はありますし、イージス艦搭載の迎撃ミサイルで対艦弾道ミサイルを撃ち落とすことも、一〇〇パーセントではないかもしれませんが可能ですから、それにより、中国の第一撃からアメリカの空母を守ることはできます。

しかし、もし「アメリカの船を守る」というシナリオが、単に最初の一発だけ撃ち落とせばいい、という論理から生まれているのだとしたら、それは軍事常識としてあり得ないことです。ミサイル攻撃というものは何十発、何百発というミサイルが撃ち込まれるわけですから、たとえ最初の一発は撃ち落とせても、とても自衛隊の能力では守りきれないでしょう。

仮に守りきろうとするのであれば、一発何千万円もするような迎撃ミサイルの大量備蓄をはじめとする軍事力の大幅な強化が必須となりますが、それはとても現実的な話とは言えません。

中国相手に必要な軍備

もし本気で中国を相手にするとしたら、いったいどれだけの軍事力が必要なのか、ということを、具体例を挙げて説明しましょう。

たとえば冷戦時代、日本は対ソ連を目的として防衛力の整備を行っていたわけですが、当時のソ連の海軍は、おそらく今の中国以上に強大だったにもかかわらず、一九七六年の防衛大綱で構想した防衛力は、対潜水上艦艇約六〇隻です。そのうち三分の二は修理点検や訓練に回りますから、実働できるのは二〇隻余りという計算になります。

そもそも、可能性として考えられる米中衝突において、アメリカが想定している最悪の事態は、核の撃ち合いになるようなものではなく、ほんの出来心で起こるような、通常兵器のレベルでの戦争でしょう。その場合、中国側の戦略は、ミサイルでアメリカ空母の接近を牽制し、その第一列島線の防衛網を先制的に破壊する、というようなものになることが考えられ、アメリカはそれに対抗するための戦略を立てることになります。日本がそれに付き合うのだとしたら、アメリカの船を守るためにどれだけの兵力が必要かを計算しておくべきでしょう。

衝突の現場は海上ですから、こうした事態に対応するのは海上自衛隊になります。現在、海上自衛隊は四個護衛隊群というものを持っているのですが、その理由は、一個護衛隊群を常時最高練度の状態で維持するためには四個護衛隊群が必要である、という発想があるからです。二〇一三年末に決定された中期防衛力整備計画の完成時（約一〇年後）で、海上自衛隊には五四隻の護衛艦があることになるものの、そのうち二隻はソマリア沖に派遣されており、その二隻体制を維持するために六隻がそれに充当されなければなりません。

　これだけの能力で中国の奇襲攻撃から西太平洋にいるアメリカの空母を守るのは、ほとんど不可能だと言えるでしょう。西太平洋までの距離の遠さを考えれば、高練度の部隊を常時配置するためには、現在の四個護衛隊群では足りませんし、最低あと二個護衛隊群が必要になると思います。遠距離での補給を考慮すれば、船に搭載できるだけのミサイルや弾薬の備蓄は、今の数倍に増やしたとしても、おそらく足りないと予想されます。

　また、アメリカの船を守りに西太平洋に出て行ったら、日本の防衛は手薄になりますから、その分の補強も必要です。本気でアメリカの船を守るつもりならば、このような大規模な軍備の増強と防衛費の増加を見込まなければならないはずですが、その財政的裏付けはどこにもありません。

真っ先に攻撃されるのは日本の基地

　そもそも、米中戦争において、日本は「アメリカの船を守る」前に備えるべきことがあります。

米中戦争のシナリオは、中国が仕掛けてくるという前提で議論されていますが、常識的に考えて、中国が真っ先に行うのは、まず西日本の米軍基地や自衛隊基地を攻撃し、その防衛力を無力化することでしょう。

仮に、いきなり西太平洋にいるアメリカの空母を攻撃してきたとしても、日本がその防衛に加わった時点で、必然的に日本は中国との戦争に関わることになりますから、中国から日本に対する攻撃も始められることになります。

集団的自衛権で中国を相手にアメリカを守るということは、つまり、日本本土が攻撃の対象となるということを覚悟しないといけないのです。しかし、実際問題として日本がその状況に耐えられるかどうかと言えば、国民に対する被害の大きさを考えれば、おそらく難しいだろうと思います。

3　日中戦争とアメリカの対応

無人の岩に巻き込まないでくれ

日本が攻撃されるというリスクを負って集団的自衛権を使う見返りに、アメリカは日本に何をしてくれるでしょうか。おそらく、何もしてくれないだろうと思います。

尖閣諸島をめぐる問題について言えば、もしそれで日中の間に紛争が起こったとしたら、見せかけでは軍事力を出すけれども、上陸作戦の場合は自衛隊でなんとかしろ、ということになるでしょう。こうした日米同盟のバランスシートは、明らかに日本にとって損であり、不利なものです。

世上言われていることに、尖閣諸島の防衛にアメリカはちゃんと出てきてくれるのだろうか、という不安があります。アメリカは、尖閣は日米安保条約第五条の適用範囲だとしていますが、それは、中国を牽制すると同時に、日本に自制を求める意味があります。

それを象徴するものとして、安倍総理訪米を控えた時期、二〇一三年二月三日の米軍機関紙『スターズ・アンド・ストライプス』に掲載された「無人の岩のために俺たちを巻き込まないでくれ」という論評があります。つまり、尖閣諸島のような、アメリカにとってはなんの値打ちも、戦略的価値もない島の領有権争いに地上兵力を投入して軍事的介入をするなど、アメリカの論理ではあり得ないということなのです。

かつて、集団的自衛権の不行使は、アメリカの戦争に巻き込まれないための「歯止め」だったわけですが、今やアメリカが尖閣をめぐる日中の対立に巻き込まれることを懸念しているという、まさに逆転現象が起こっています。

尖閣に対するアメリカの軍事的介入の現実性

ただ、実際にアメリカが尖閣諸島における争いに介入しないとなれば、それは他の同盟国に対するアメリカの信頼性を失わせることにつながります。こうした事態を避けるために、アメリカがどういう行動をとるかと言えば、おそらく空母を沖縄近辺に持ってくるようなオペレーションを行って中国を威嚇し、それと同時に日本と中国を仲介して早く紛争を終わらせるというのが、アメリカの国益から考えて最も妥当なやり方だと思います。

集団的自衛権を使ってアメリカをつなぎとめるということの、これが最も現実的なシナリオです。尖閣諸島をめぐって、アメリカが報復のために中国本土を長距離爆撃機や長距離ミサイルで攻撃するということは、まずあり得ません。

中国にしても、威嚇の手段として、デモンストレーション的にその軍事能力を示すような行動はとるかもしれませんが、尖閣がアメリカとの軍事的対決に発展するようなことは望まないでしょう。いかに紛争を局地的なものにし、拡大を防いで早期に収拾するかということについては、アメリカも中国も一致するところだと思います。

ですから、日本がとるべき防衛戦略もまた、既成事実化を可能にするような行動を中国にさせないだけの力を備えつつ、尖閣なら尖閣だけに紛争を限定し、そこで早く決着をつけて外交的に解決する道しかないということになるでしょう。いろいろな軍事アセットが広大な地域のさまざまなところから無尽蔵に湧(わ)いて出てくる中国のような国を相手に、短期決戦で軍事的決着をつけることなど不可能です。そのことを考えれば、紛争をできるだけ局地的なものに制限しながら、早く終結させるというシナリオは、日本にとっても非常に重要です。

こうしたことに鑑みて、本来の日本の国力や国土に応じた望ましい防衛戦略、あるいは可能な唯一の防衛戦略である紛争の局地化や早期集結、拡大の防止という方向性と比べると、集団的自衛権の行使は日本の防衛にとってはむしろ有害だ、という結論に達します。

また、アジア地域の防衛は、日本単独では不可能な話ですから、アメリカが本気にならなければ無意味だということになるでしょう。しかし、アメリカが本気になってやるとなったら、日本は相当な損害を被ることを覚悟しなければなりません。また、言うまでもありませんが、たんに「覚悟ができればいい」というものではなく、それは国民に対する被害が甚大なシナリオであるという認識がもっと必要ではないかと思います。

第六章　世界の中でどう生きるか——今日の「護憲」の意味

1　日本とは、どういう国か

日本という国のアイデンティティが問われている

安全保障政策は国家目標を実現するための手段です。そして国家目標とは、国としての自己実現のあり方だと言えます。つまり、日本の安全保障政策について考えるとき、日本がどういうアイデンティティを持った国であり続けたいのか、それを維持するためにはどういう世界であってほしいのかということを抜きにして論じることはできないのです。

どういう国でありたいのかということと、そのためにどういう手段を使っていくかということには、実は非常に密接な関係があります。たとえば、アメリカのアイデンティティは自由と民主主義という価値観を世界に広めることですが、その実現のために、自由と民主主義とはまったく正反対の戦争という手段をとっています。本来、自由と民主主義を広めるのであれば、平和的方法で自由と民主主義を援助するのが道理でしょう。それを武力で押し付けたのがイラク戦争だったわけですが、こうしたアイデンティティと手段との間にあるズレが、アメリカの戦略の失敗の元になったのだと思います。

では、日本はどういう国であり、またどういう国でありたいのでしょうか。戦後の日本は「戦争をしない国」ということ、そして働けば働くほど生活はよくなるということをアイデンティティにしてきたわけですが、現在、そのふたつともが崩れつつあります。つまり、日本人のいちばん根本になるアイデンティティとは何かということを、改めて仕切りなおし、再発見することが問われているのです。

大国としての条件を持たない——国土の狭隘（きょうあい）・自給能力・国民性

そこには、中国に追い越されてしまったという閉塞感や屈辱感といった感情を背景に、中国よりも大国であろうとするのが日本の自己実現だ、という意見もあるでしょう。しかし、日本が大国であろうとして失敗したのがかつての大東亜戦争であり、今、日本が目指す方向がそこにあるとは思えません。また現政府の言葉に従えば、日本のアイデンティティは、アメリカという大国の秩序をサポートする国でありたい、ということになりますが、アメリカの力を借りて「大国」になろうとするような存在を「大国」と呼ぶことはできないでしょう。

フランスのように、自分の文化が世界で最高だという、意識においては大国だが実力はそうでもないという国もあり、大国とは何かについては、さまざまな定義ができると思います。しかし、大国であるための必須条件としては、地政学的な観点から、まず国土が広いということが挙げられるでしょう。次に、一定程度の自給能力を持ち、他からの資源に頼らずにやっていける、ということも重要です。さらに、自ら秩序を生み出し、それを広めていこうとする使命感を持ってそのことにチャレンジしていくような国民性が揃ったとき、大国という存在が生まれるのだと思います。その意味ではアメリカも、かつてのソ連も、また今の中国も大国だといえるでしょう。

島国で国土が狭く、資源に乏しい日本は、はじめのふたつの定義にはあてはまりません。また、自ら国際的秩序を作るということも、国民にそのための高い意欲があるということもありませんから、まず「日本は大国ではない」というところから出発しなければならないと思います。それを踏まえて、具体的に日本の特徴を挙げるならば、経済的には世界第三位のＧＤＰや先進技術などの強みを持ちながら、政治的に誇れるものがなく、軍事力は守るだけなら世界有数のレベルにあるという、比較的大きなミドルパワーというのが現実的な姿と言えるのではないでしょうか。

イギリスとの比較

日本と同じように、大陸に近い場所に浮かぶ島国でありながらも独自性を保ってきたということでは、イギリスの存在が挙げられます。

イギリスの特徴と言えば、かつて世界を支配した国であるだけに、世界を見る感覚が非常に鋭敏だということでしょう。ここが、一方的に西洋から押し寄せてくる文明をどう受け入れていくかという視点しか持てなかった日本との大きな違いです。イギリスの場合は、イギリスのスタンダードが世界のスタンダードだった時期がありますから、これは歴史的な違いと言えます。

だからと言って、かつてのイギリスのように七つの海を支配する必要はありませんが、同じ島国であっても「島国根性」に陥りがちな日本は、海洋国家としてのイギリスのあり方から学ぶものは多いはずです。実際、EU加盟国でありながら共通通貨の導入は頑なに拒否するといった、大陸との距離のとり方は非常に参考になります。

アメリカの同盟国という共通点から言えば、イギリスと日本の決定的な違いは、日本はアメリカから見れば最前線の拠点であるのに対し、イギリスは後方拠点に位置する、ということです。ヨーロッパにおけるアメリカの最前線は、かつてはドイツの真ん中、今はバルト三国やウクライナです。一方の日本は、冷戦時はソ連との、現在は中国や北朝鮮との最前線に位置しており、こうした地政学的な位置づけの違いは、軍事的には大きな意味を持ち、同盟国として果たす役割も自ずと違ってくることになります。

たとえば、知日派として知られるジョセフ・ナイとリチャード・アーミテージが二〇〇〇年に出したリポートで、「日本は英国のような同盟国であるべきだ、そのために集団的自衛権を使えるようにすべきだ」という主張がありましたが、そもそも地政学的条件において、日本はイギリスのような同盟国にはなれないのです。イギリスは、ソ連の戦車が押し寄せてくる心配もなくＮＡＴＯの一員であることができたわけですが、日本はソ連の戦車が上陸してくる恐怖を常に持ちつつ日米同盟の一員であった、この差を考える必要があります。

イラク戦争でも、日本とイギリスの対応は大きく違うものとなりました。イギリスはかなり前のめりになってアメリカを支持しましたが、当時のブレア首相には、アメリカに対する影響力を持つためには戦局を左右できるぐらいの兵力を出して一緒に戦わなければならない、という感覚があったのだと思います。しかしイラク戦争は失敗に終わり、アメリカの意思に影響を与えることもできなかったイギリスには、ただ負の側面だけが残ることになりました。このことは、日本にとって学ぶべきマイナスの教訓です。

一方、日本がイラクで行ったことは、物資の輸送やサマーワでの給水・医療支援などで、アメリカにしてみれば別になくてもいい、という、いわばお付き合い程度のシンボリックなものだったわけです。それゆえに、当時の内閣は「自衛隊員が一人でも怪我をしたら、自衛隊を撤収しないと内閣がもたない」という判断基準を持っていました。当時、官邸にいた私はそれを聞いて、「自衛隊員は任務を達成するために犠牲覚悟で行っているというのに、一人怪我をしたら帰ってこなくてはならないような任務だったら自衛隊を送らないでくれ」と、心中で矛盾を感じたものです。

しかし、結果としては、イラク国民の日本に対する評価は落ちませんでしたし、日本は一人も戦死者を出さずにすみました。イラク戦争の結果、報復テロの脅威にさらされ、多くの戦死者を出したイギリスと比較して、これは立派な成功体験ととらえていい出来事だったと思います。

戦争できない日本の成功

比較的大きなミドルパワーである日本が有するもうひとつ顕著な特性は、やはり七〇年間戦争をしていないということだと思います。これは地理的条件というよりは、歴史的、主観的な条件であり、国家像を考えるときの大きな要素として置くべき前提でしょう。

七〇年間戦争をしてこなかったということが、日本にとってマイナス面なのかプラス面なのか議論が分かれるところでしょうが、私はあえてプラス面だという立場をとっています。

なぜなら、戦争を七〇年間してこなかった国というのはおそらくもう戦争をすることができないと思うからです。七〇年間という時間は、つまり三世代にわたるということであり、戦争とはどういうものかという国民的記憶はもはやない、と言っていいと思います。昔であれば、戦死したら神として靖国神社に祀られるという名誉で補われていた死を、今度はどうやって慰めるのか、その国民的理解もないのに戦争ができるとは思えません。戦争になれば兵隊が死んで棺が還ってくるという現実とどう向き合うのか、その経験がないところに我々は生きているのです。

日本が七〇年間戦争をしていないというのはつまり、戦争は日本にとって最も不得手な手段のはずであり、常識的には、いちばん不得手な手段は避けるべきだということになるでしょう。もちろん、攻撃されれば、防衛のために戦うだけの能力はあるけれども、それ以外の無駄な武力は使わない、それが日本の国のあり方としていちばん自然だと思います。「戦争をしない」という日本のスタンスには一定の普遍性があり、軍事力ではない手段による紛争解決や平和構築などの現場で「日本人ここにあり」という姿を見せていくことは、日本という国の価値を世界に示すパワーとなるはずです。

憲法を守る、だけでない問題提起を

しかし、そのためには、自分たちはどのような国でありたいのか、という日本の意思を世界に示していく必要があります。

憲法とは、その国がいかなる世界を望ましいと考え、その世界においていかなる国でありたいかを示す、国としての世界観と国家像の反映です。日本が戦争をしてこなかったのは、言うまでもなく、戦争放棄を謳う憲法第九条があるためですが、現在、憲法改正をめぐる論議が活発化しており、単に「平和憲法を守れ」と言っているだけではすまされない現実が突き付けられています。

当然のことながら、日本という国の憲法をどうするかを決めるのは日本人です。しかし、憲法を守るかどうかということとは別の問題として、日本が世界に向けて何を発信し、どのような国として世界のために何をしていくのか、ということを提起しなければならないと思います。

日本の軍需産業は成長戦略にならない

七〇年間戦争をしてこなかった日本にとって戦争は最も不得手な手段であるということとの関連で、日本の軍需産業について言及しておきたいと思います。

現在の日本において、経済界には軍需産業を活性化させたいという思惑があり、それが、政府の安全保障戦略にも関連しているのではないか、という懸念を聞くことがあります。

結論から言えば、現在の国際情勢において、日本の軍需産業が日本の成長戦略につながるだけの利益を生み出せるとは思えません。ひとつには、三菱重工、三菱電機、ＩＨＩ（旧・石川島播磨重工業）、富士通、ＮＥＣ、東芝といった、いわゆる日本の大手の軍需関連企業における防衛需要の割合は数パーセントかそれ未満で、軍用の研究開発投資もほとんど行われていない状態です。

それに加えて、インターネットを筆頭に、軍用の研究開発投資が民間に応用されて、技術革新や経済活性化につながっているアメリカと異なり、日本ではむしろ民生用の技術が軍事に使われる傾向にあります。燃料電池や複合材料、炭素繊維などがそのよい例ですが、民生用途の顔をしながら、輸出先で軍事に転用されていくというのが日本の技術の活かし方の主流です。

実際、日本の軍需産業には、輸出の目玉となるようなものはほとんどありません。私が官邸にいたときのことですが、二〇〇四年の防衛大綱作成の際、武器輸出原則の緩和についての議論が起こり、その結果、テロ対策や海賊対策に関連するものについては輸出できるようにしよう、という官房長官談話を出すことになりました。実際のところ、それ以上のことをやりたいとしても、それだけの内容がなかったというのが実情だったのです。

今、世界の武器市場で最も需要があるのは、中国やロシアが作るカラシニコフ銃のように、安くて頑丈、その上、どこでも模倣して作れてしまうような武器です。だいたい、日本の武器は世界の市場が魅力に思うようなものではありません。実戦で使った経験に欠け、人件費も高くつきます。技術的には、民間用の中型飛行機やジェット練習機は独力で作れるところまできましたが、それを兵器として使えるようにするためには、全体の目標位置を伝達するシステムやコンピュータネットワークとの連接、搭載する武器のアメリカとの互換性といったいろいろな要素を考えなければならず、それをシステムとしてまとめる力は歴史と経験がものをいう世界であり、とても日本の得意分野とは言えません。

そうした分野でキャッチアップするために国際共同開発をすることはやむを得ないと思いますが、日本の農業と同じように補助金によって支えられてきたものをいきなり丸裸にして国際競争にさらすようなことになるわけですから、技術の流出というリスクは避けられないでしょう。

実際、アメリカとF2戦闘機を共同開発したことがあったのですが、結局、アメリカに対する交渉力が弱かったために、仕事の配分量はアメリカに相当持って行かれましたし、日本の複合材技術も取られてしまい、さらに、いちばん心臓部となる武器管制システムの部分は日本側にはわからないまま、という散々な結果に終わりました。そのときの記憶は、おそらくトラウマとして残っているだろうと思います。

二〇一四年四月の防衛装備移転三原則により、欧米の武器展示会に日本企業が何社か出展していましたが、それにより「さあ、日本の武器をどんどん売るぞ」ということではなく、いったいどのようなものが売れるのか、まだ手探りの状態でしょう。その一方で、市場のニーズに沿ったものを開発したとしても、それが政府によって許可されるかどうかはわかりませんから、日本企業が軍需産業に活路を見出すのは難しいでしょう。そうしたことで、防衛産業としては慎重なスタンスをとらざるを得ない面がありますし、政府の政策に影響力を持つようなことはないのではないかと思います。

2　日本のパワーの源泉と弱点

アジアでも西洋でもない日本の受容性

大陸に近い場所にあって中華文明の影響を受けながらも、それを自分のものに同化し、一定の独自性を保ってこられたのは、日本には、みんなで協力していいものを作るという協調性や勤勉性があるからだと思いますし、それが他の国にない日本の優位性と言えるでしょう。また、西洋の文明も自分のものに同化していくという一種の翻訳能力は、多かれ少なかれ日本以外の国でも必要とされていることですから、こうした日本のソフトパワーを世界に向けてもっと広げていく余地はあるでしょう。

明治維新後、「脱亜入欧」「和魂洋才」と、東洋でありながら西洋の価値観を取り入れた日本は、西洋からは「異質な東洋の国」だと警戒され、東洋から見れば「西洋列強と同じことをしている、とんでもない国だ」と言われたわけですが、近代国家として急速に発展した日本は、やはり一定の成功を収めたと言えるのではないかと思います。こうした、多様な価値観を取り入れる受容性は、日本自身が戦争の原因にならないという意味での受動的なメリットにつながるものです。

日本の力を積極的に生かすのであれば、ひとつの価値観にこだわることのない日本が公平な価値中立的仲介者として世界の平和に貢献できる可能性を、もっと探るべきだと思います。今の時代の争いの源が、民族であれ宗教であれ、国民国家ではないかたちのアイデンティティを確認するところの対立にあるとしたら、価値観の多様性を受け入れる日本の特質を、強制というかたちではなく、理解されるように努力していくことが望ましいと思われます。ひいてはそれが世界の平和構築において非常に大きな意味を持つことにつながるのではないでしょうか。

中東における日本の役割

現在、対立する価値観の仲介者としての役割が最も求められている地域は、中東です。一神教が支配的なところですから、日本の受容性という性質がどこまで理解されるか未知数の部分はありますが、幸いなことに、今のところ中東地域の日本に対する印象は欧米諸国に対するものよりは厳しくないと言えます。

自衛隊が派遣されたイラクのサマーワでも、宗教指導者が「自衛隊を守るのはイスラム教徒の義務だ」というファトワ（宗教見解）まで出してくれるということがありました。こうした日本に対する信頼感は、戦後、石油プラントに関わった企業人の努力や、あるいは中東戦争やこれまでの軍事対立におけるある種の日本の仲介的努力など、日本人が中東で平和的に築き上げてきたものが担保となって生まれたのです。逆に日本の良さを発揮しようとするならば、非軍事的な分野での地道な積み上げが必要になるでしょう。

危険な地域に丸腰で行くというのは覚悟を問われることとはいえ、「危ないからとにかく自衛隊だ」という発想は必ずしも正解ではありません。これは夢物語の一種とも言える話ですが、以前、イスラエル大使から「台風一個もらえれば、（水資源の乏しさに悩む）あの地域は平和になるんだ」と聞かされたことがありました。日本から台風を持って行くことは無理だとしても、アフガニスタンでペシャワール会が成果を上げている灌漑事業のような方法で、混迷が深まる一方の中東の問題に対して日本が貢献できることもあるのではないかと思います。

同盟からの思想的呪縛と同盟の相対化

日本のアイデンティティは何かと問われたとき、戦後長らく「平和国家日本」と答えればすむようなところがありました。しかし今はどうかというと、「アメリカの同盟国日本」という自己規定はあるものの、「だから何？」と問われたときの答えもなければ、それ以外の日本のアイデンティティが何かについても言えません。アメリカの同盟国であるということは、中国向けのメッセージとしてしか意味がありませんし、それで中国が恐れ入るかといえば、そんなことはまったくないわけです。

冷戦終結後、「アメリカの同盟国日本」というアイデンティティは、アメリカの対テロ戦争を強力に支持することを通して、かつてない最良の同盟関係という成果を得ました。しかし、オバマ政権の時代になって対テロ戦争が破綻してからは、その成果も色あせたものになってしまいました。アメリカがやる気をなくしてしまったために、日本も何をしていいかわからなくなり、その結果、安全保障政策も迷走しているという面があります。

これは、日本が国際社会でどういう貢献や役割を果たしていきたいのかという具体的な議論をせずに、ただアメリカとの同盟強化だけを求め続けてきたことの当然の帰結だと言えるでしょう。

そもそも、日本とアメリカが自由と民主主義を共有していると言っても、それは冷戦時代、社会主義陣営と対峙している時代だからこその分水嶺だったわけで、グローバリゼーションの世界では、自由主義的経済は敵味方を分ける基準にはなりません。ロシアも中国もグローバルな市場経済の中に組み入れられており、そこに含まれていないのは、それこそ北朝鮮ぐらいです。

民主主義にしても、民主化革命だったアラブの春の行方が混沌としているように、民主主義で一致していれば自動的に味方であり、共有していなければ敵だという二分法は通用しなくなってきています。

単に自由と民主主義と言っているだけでは同盟国の根拠にはならないという現代、アメリカの同盟国というアイデンティティは、もはや時代的な使命を終えており、ここに日米同盟だけに頼っていてはこれからの日本は生きていけない最大の理由があります。それを同盟の相対化と呼ぶとすれば、それはもはや避けられない状況だと言えるでしょう。

日米同盟をさらに強化するよりは、同盟を維持しつつもアメリカにはない日本の良さをどう発揮していくのか、それを考えることが日本のこれからの課題になっていくと思います。

日本の課題、弱み

おそらく、日本が抱えている最大の弱みは歴史問題でしょう。ここから領土問題も派生してきているのですが、どちらにしても、主権の問題として対立すれば妥協の余地がなくなり、国の威信をかけた象徴的な問題となってしまうため、早急な決着は難しいと思います。

この問題ではアメリカは頼りにならず、日本自身が解決するしかありません。今、日米同盟強化で問われているのは、軍事的な連携を進めるということではなく、本当にすべての価値観が同じなのかどうか、ということだと思います。その点で、従軍慰安婦問題や歴史問題は大きな火種です。アメリカはこれらの問題に対し、人権問題という観点から厳しい態度をとっており、自由と民主主義という漠然とした価値観が一致しているからそれでいい、ということではなく、もっと具体的に、日本は慰安婦問題にどう対応するのか、歴史問題にどう向き合うのかということを注視しているのです。

我が国だけが悪いことをしたわけではない、という論理はあるとしても、自分が行ってきたことについて悪いことは悪いとはっきり認める、という態度は大きな道徳的優位性につながり、和解への道を大きく前進させることになるでしょう。村山談話や河野談話が完璧なものだと言えないとしても、侵略の事実を認め、従軍慰安婦に関する一定の強制性を認めたという点では、やはり歴史的和解の出発点だと思います。

和解の方法については、直接被害を受けたと言っている人たちが生きている間になんとかかたちをつけないと尾を引いてしまってエンドレスになってしまう心配がある一方で、そういうことが問題にならないような時の流れをとにかく待つという、ふたつのやり方があると思います。いちばんまずいのは、ことを荒立てるやり方で、今の日本、そして中国、韓国の政府がやっているのはまさにこの最悪の方法です。

現在、日韓関係はかなり悪化してしまいましたが、冷戦が終わって一九九七年のガイドラインを作っていたころには北朝鮮という共通の脅威認識があり、韓国と非常にいい関係を享受していたのです。

それが、韓国の最高裁で、従軍慰安婦問題が日韓条約で決着されたのは政府の不作為だ

竹島を訪問したイ・ミョンバク韓国大統領。
2012年8月10日（写真：Yonhap／アフロ）

と認定されたことを受け、支持率低迷に悩んでいた当時のイ・ミョンバク大統領は竹島訪問というポピュリスト的対応に走りました。

その流れを引き継いで、パク・クネ現大統領の強硬な対日姿勢が続いているわけです。

一方、日本でも安倍総理の靖国参拝や河野談話見直しの動きといった、関係悪化を助長する流れが止まりません。アメリカが最も心配しているのは、こうした歴史問題をめぐる対立であり、強硬な態度をとることにより、日本自身が東アジア地域の不安定要因となってしまっている面があるのです。

靖国問題について

歴史問題ということでは、よくドイツと比較されますが、ドイツの場合は、すべてナチスに罪をかぶせてそれを国家的に追及したという事情があります。天皇の責任問題も絡んで非常に複雑な要素があり、戦後処理のための政治的なひとつの妥協としてA級戦犯を悪者にすることで決着をつけた日本とは単純に比べられないと言えるでしょう。

一方で、かつての太平洋戦争、日中戦争

靖国神社の参拝を終えた安倍晋三総理。
2013年12月26日（写真：毎日新聞社）

の検証は、A級戦犯が悪かった、あるいは軍部独裁がいけなかった、ということですまされてしまっていますが、そもそも、なぜあのような結果になったのかというプロセスが検証されなければなりません。日本にとっては振り返りたくない、嫌なことかもしれませんが、そうした歴史の体験を検証することで、次に起こるかもしれない「嫌なこと」を減らせるかもしれないのです。

そうした視点で考えれば、靖国参拝には、戦後日本が行った妥協を否定する要素があるわけですから、昔の軍国主義の象徴であるA級戦犯が合祀(ごうし)された靖国との距離感をどうするかということは、日本人自身が解決すべき大きな課題です。今言われているような歴史認識の見直しが今日の世界に通用するものなのか、そして日本の安全保障上有益なことなのか、それが問われなければならないでしょう。私自身の考えとしては、靖国参拝にこうした客観的利益はないと思います。

靖国神社問題に関して、中国の専門家と話をしたことがありますが、「中国にとって靖国はしょせん過去の話で、尖閣は今後の利益の話だから、日中関係におけるウェイトは尖閣のほうが高いにきまっている」と言われました。ただ、歴史問題は、蒸し返そうと思えばいつでもできますから、早く卒業しないといけないことに違いありません。

歴史問題の解決は、日本の優位性を高める

歴史的対立というものは、いまだ高句麗・新羅・百済時代の地域対立を引きずる韓国をはじめ、世界のあちこちで見られるものです。もし日本が歴史的和解のひとつの見本になれたなら、それは今後の日本のソフトパワーを活かせるかどうかの大きなポイントになってくるでしょう。

韓国や中国に日本ファンが多いのに、それが表立ってこないのは、歴史問題をめぐる日本の態度への反発がある中では、日本に対するシンパシーが素直に発揮されにくいからだという事情があります。村上春樹をはじめとする日本の作家たちはアジアでもよく読まれていますし、アニメや漫画の人気を考えてみても、大衆文化の世界では日本とアジアは非常に親しい関係にあると言えます。

それを阻害しているのが政治です。クラウゼヴィッツの言うところの三位一体、つまり、

戦争の要素は国民感情と有能な軍隊と国家理性としての政治の三つである、ということからすれば、戦争をするためには国民世論を扇動する必要がありますが、逆に戦争をしないためには国民世論を沈静化するのが政治のいちばん重要な役割のはずです。だとすれば、国内要因がうまくいかないからといって、それを外交方針に影響させるというのは、本来、政治が最も自重しなければならないことのはずです。しかし、日本も中国も韓国も、政治家たちはそのことを忘れているように思えてなりません。

現在は、自重どころか、エスカレートさせている状況ですから、尖閣問題も含めた日本と北東アジアの緊張関係というのは、ほとんど政治に起因したものだと言えるでしょう。根本的な問題解決のためには、軍事対決よりも相互の危機管理が急務であり、より長期的には、歴史認識を含む相互の自己認知の違いを認め合う思考の枠組みを作る必要があるのです。

平和な環境という絶対条件

中国や韓国との関係がここまでこじれてしまった今、お互いの信頼関係を一から作り直す努力をしなければなりません。

私自身が官僚だったころは、草の根交流や文化交流といった民間の交流は安全保障とあまり関係がないと考えていました。実際、それは政治に代替するような力ではないわけですが、そういうところで地道に、できるだけ関係を太く大きくしていく努力はやはり必要だと今では思うようになりました。

虚心にお互いの文化を尊重できるというのは、それこそ日本人の得意とするところです。それにより、日本も他のアジアの国々の良さをもっと吸収することができるでしょうし、交流を通じて、日本人自身が日本の良さに気づくということもあると思います。言うまでもなく、そのときの絶対条件として、平和な環境は必要不可欠なものです。

集団的自衛権をめぐる安倍政権のきわめて粗雑な問題提起は、平和な世界という理想を実現するためには、もっとさまざまな道筋があることを改めて思い起こさせてくれました。世界は日本が軍事的になんでもやれるような強い国になることをはたして望んでいるのか、と考えたとき、日本がこれまで築き上げてきた優れたブランドを見直すことにより、日本のこれからのあるべき姿、進むべき道を示していくことができるのではないでしょうか。

アメリカ・中国にはできないこと

今の日本は、経済の規模でも軍事力でも中国を下回っています。「負けたくない」という気持ちがあるのは自然なことですが、日本は大国として中国と対等にパワーゲームで渡り合うのか、違うところで対抗できる知恵や戦略、実力を備えるのかという選択を現実問題として考えなければなりません。

戦後の日本は、アジア諸国の経済成長に貢献し、武器輸出を行わない国として、軍縮に先導的役割も果たしてきました。民間企業においても、現地のワーカーを育てて、経営のノウハウまで与える日本的手法は、単なる富の収奪に近い中国のやり方とは異なる、日本の誇るべきブランドと言えるでしょう。

国際平和協力でも、日本は武器を使わずに、現地の要望に配慮した独自の活動を展開しています。私は自衛隊の海外派遣を担当した経験からも、イラクで現地の人に一発も弾を撃たず、一人も殺さなかった自衛隊という国際的ブランドが確立しつつあると感じていますが、これこそ日本が戦後七〇年かけて築いてきた日本ブランドであり、アメリカや中国には真似できない、日本ならではの優位性だと思います。

このことを示す、ひとつのエピソードがあります。イラクに派遣されたとき、自衛隊は緑色の迷彩服を着ていったのですが、砂漠の国であるイラクでは、緑は「迷彩色」にはなりません。実際、アメリカ軍はグレーとベージュという、砂漠に溶け込む色の服を着用していました。

自衛隊がなぜあえて緑色の迷彩服を着て、ヘルメットにも肩にも非常に目立つように大きな日の丸をつけたのか。これはつまり、「自分たちは戦争をしに来たのではない」とアピールする目的があったためでした。実際、彼らは危険な地域に事実上の丸腰で向かわなければならなかったわけですが、この知恵と勇気は賞賛すべきものであったと思います。

各国国防費の推移

国名＼年度	2010（平成22）	2011（平成23）	2012（平成24）	2013（平成25）	2014（平成26）
日本（億円）	46,826 △0.4% 47,903 0.3%	46,625 △0.4% 47,752 △0.3%	46,453 △0.4% 47,138 △1.3%	46,804 0.8% 47,538 0.8%	47,838 2.2% 48,848 2.8%
米国（百万ドル）	666,703 4.7%	678,064 1.7%	650,851 △4.0%	607,795 △6.6%	593,344 △2.4%
中国（億元）	5,191 9.8%	5,836 12.4%	6,503 11.4%	7,202 10.7%	8,082 12.2%
ロシア（億ルーブル）	12,570.141 3.4%	15,170.906 20.7%	18,465.847 21.7%	21,064.62 14.1%	24,881.341 18.1%
韓国（億ウォン）	295,627 2.0%	314,031 6.2%	329,576 5.0%	344,970 4.7%	357,057 3.5%
オーストラリア（百万豪ドル）	26,897 1.0%	26,560 △1.3%	24,217 △8.8%	25,434 5.0%	29,303 15.2%
英国（百万ポンド）	39,461 △2.0%	37,169 △5.8%	34,260 △7.8%	34,800 1.6%	34,300 △1.4%
フランス（百万ユーロ）	37,145 △0.5%	37,409 0.7%	38,001 1.6%	38,124 0.3%	— —

（注）1　資料は各国予算書、国防白書などによる。
2　%表示は、対前年度伸び率。
3　米国の国防費は、2015年度historical tableによる狭義の支出額。2014年度の数値は推定額。
4　中国については、全人代財政報告の中央財政支出における当初予算。
5　オーストラリアについては、豪国防省公表「Defence Portfolio Budget Statements」における当初予算。
6　英国については、2012年度までは英国国防省公表「UK Defense Statistics 2013」による実績。2013年度、2014年度は予算教書による当初予算。
7　フランスの2014年度国防費については14（平成26）年6月現在未公表。
8　日本については、上段は、SACO関係経費（10年度：169億円、11年度：101億円、12年度：86億円、13年度：88億円、14年度：120億円）および米軍再編関係経費のうち地元負担軽減分（10年度：909億円、11年度：1,027億円、12年度：599億円、13年度：646億円、14年度：890億円）を除いたもの、下段は含んだ当初予算である。

＊『平成26年版防衛白書』をもとに作成。

中国(北京)を中心とする弾道ミサイルの射程

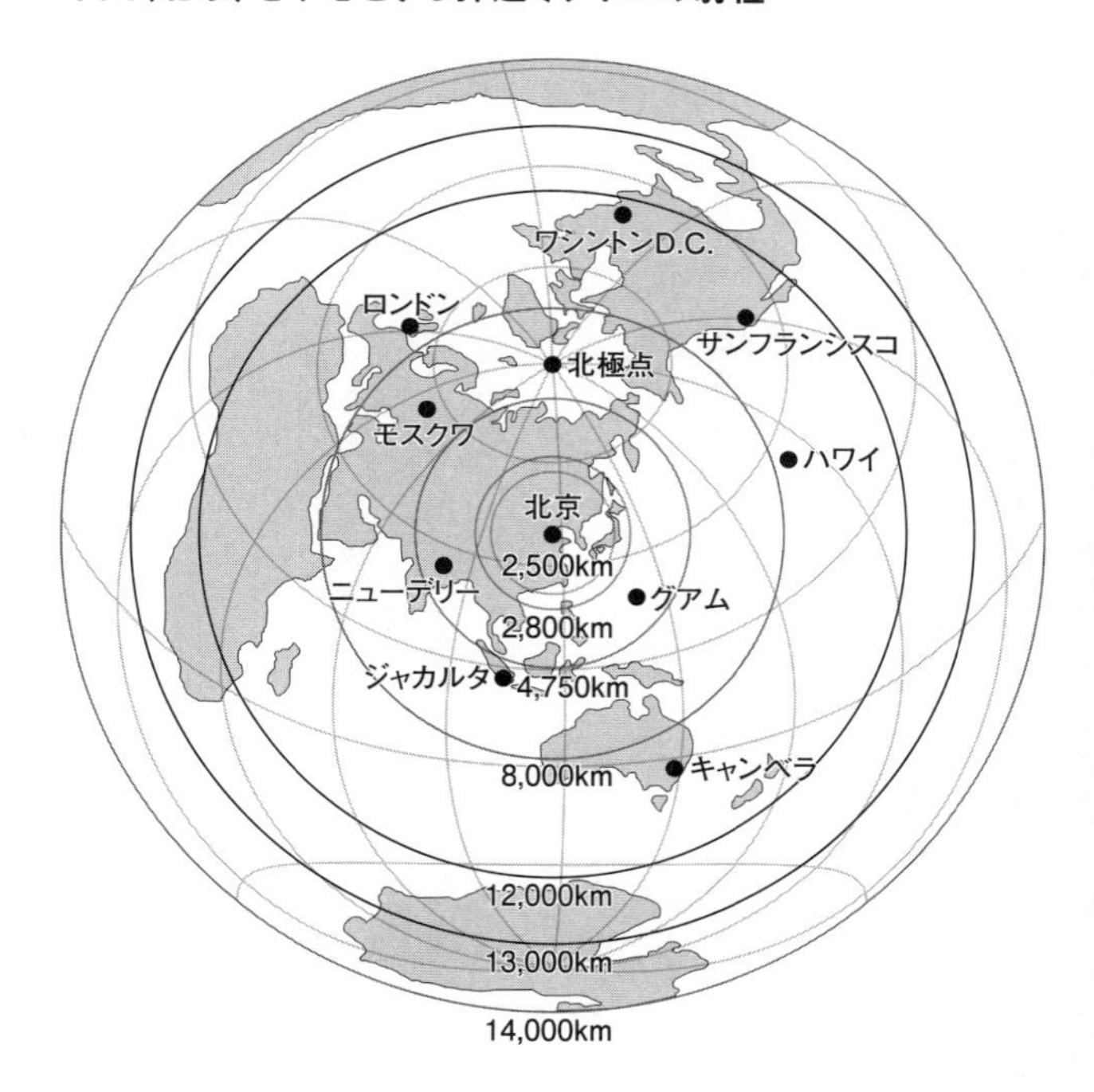

射程	
1,750 ～ 2,500km	DF-21、DF-21A/B/Cの最大射程
2,400 ～ 2,800km	DF-3、DF-3Aの最大射程
4,750km	DF-4の最大射程
8,000 ～ 14,000km	DF-31、DF-31Aの最大射程
12,000 ～ 13,000km	DF-5、DF-5Aの最大射程

＊『平成26年版防衛白書』をもとに作成。

あとがき

戦争体験の風化

日本の敗戦から七〇年となる二〇一五年が明けました。

昨年末、アメリカとＮＡＴＯ諸国は、アフガニスタンでの軍事作戦を終了し、治安維持の責任をアフガニスタン政府に委譲したものの、政府を構成する軍閥間の対立やタリバンの攻勢が強まることが予想されています。アメリカは、一三年の歳月と一兆ドルの戦費を費やし、二三〇〇人を超える戦死者を出しながら、民主国家の設立という究極の目的はもとより、武装勢力の一掃という最小限の目標すら達成できないまま、建国以来最長となる戦争からの撤退を余儀なくされました。年末年始を通じて、イスラム国への空爆もかつてない規模で継続されています。戦争は、現実のものなのです。

日本では、戦争体験の風化が懸念されています。戦争を知る世代が高齢化し、戦争の

「語り部」が姿を消していきます。私は戦後生まれで、戦争体験はありません。私にとって最も身近だった戦争はイラク戦争でした。二〇〇四年から二〇〇八年まで、官邸で、イラクに派遣された自衛隊の安全に気を配る毎日を送っていたからです。

サマーワの宿営地に砲弾が着弾し、路肩に置かれた爆弾で車両が破損するなど、多くの懸念材料がありました。航空自衛隊のC130輸送機が運航するバグダッド空港でも、たびたび砲撃がありました。日本大使館周辺でも、襲撃や爆弾テロが多発していました。現地に派遣された隊員は、「戦争とはそんなものだ」という感覚で、特段パニックになることはありませんでした。

私にできることは、部隊の安全につながる対策をできるだけ支援すること、部隊を危険にさらすような任務を与えないようにすることくらいで、実は、何の役にも立っていなかったと感じています。

幸い、自衛隊は、交通事故はありましたが、一人の「戦死者」も出すことなくすべての任務を終えることができました。その最大の要因は、イラク人に銃を向けず、一発の弾も撃たなかったことだと思っています。その自衛隊の自制と勇気には、心から感謝しています。こちらが一発撃ってイラク人を殺傷したとすれば、周りは全部イラク人ですから、際限のない報復の連鎖に巻き込まれていたと思います。逆説的ですが、武器を使わないことのほうが、武器を使うよりもはるかに優れた戦術だったのです。

仮に一人でも犠牲者が出たとしたら、どうなっていただろうかと考えてしまいます。「テロには屈しない」という小泉総理の基本方針がありました。したがって、一人の犠牲者が出たくらいで撤退はあり得ない。考えられる選択肢は、宿営地にこもって治安の回復を待つか、あるいは安全確保を理由に部隊を増強して武器使用を拡大し、武装勢力との対決姿勢を強めるかのいずれかでしょう。私自身、どちらを選択するよう総理に進言することになったかわかりません。

それでは、一人ではなく二人ならどうだったのか、一〇人なら……と考えだすと、きりがないことになります。おそらく、兵力を出せば出すほど戦死者も増える。当然、国会やメディアは、「非戦闘地域」ではなくなったのだから撤退せよ、と要求し、内閣の責任を問うことになるでしょう。政権の危機管理の観点から言えば、増派もまた、あり得ない選択肢だったと思います。

それは、憲法解釈の問題というよりも、すぐれて日本社会の戦争に対する許容性の問題です。昨年七月一日の閣議決定は、海外における武器使用の拡大を盛り込んでいますが、イラクの経験に照らせば、これは確実に戦死者を出すことにつながります。百歩譲って、それ自体が悪いとは言わないまでも、問題は、それによって何を達成しようとしているかが説明されていないことです。「国際社会での応分の責任」とか、「アメリカが困っているから助ける」とか、「石油が来なくなれば日本の存立が脅かされる」といった話はありますが、そこに、自衛隊員の命をかける意義があるのかどうか、そして、隊員の家族を含む日本社会がそれを当然のこととして受け止める覚悟を持っているかどうかが問われているのだと思います。

イラクに関して言えば、私自身にその覚悟はありませんでした。仮に一人でも「戦死者」が出ていたとすれば、私もまたトラウマを抱えていたはずです。それは、犠牲者を防ぐことができなかったという意味で、不作為の加害者としての責任感だと思います。

昨年一一月、元アメリカ海兵隊員で、イラク最大の激戦地ファルージャの掃討作戦に参加した経歴を持つロス・カプーティ氏の話を聞く機会がありました。彼は、通信兵だったため直接の戦闘には加わらなかったようですが、破壊された街と、先天的な障害を持つ多数の新生児の誕生を目撃してきた体験をもとに、「道徳的な心の傷」（moral injury）について語っていました。そして、退役軍人病院では、「アメリカの戦争は正義の戦争だから、そういう心の傷を障害とは認められない」と言われたことを話していました。

彼の話を聞いたとき、私は、ひとつのことに気がつきました。日本人が戦争体験を語るとき、それは、三〇〇万人が犠牲となった悲劇であり、東京大空襲や広島・長崎における原爆被害、沖縄戦における民間人の犠牲といった被害者の視点が主体であることです。そうした被害が、今日の世界でも現実のものとして起きていることを考えれば、被害体験の継承も重要なことです。

ただ、我々日本人について言えば、自らが始めた戦争の結果として犠牲となった「身内」の冥福を祈るという意味で、自己充足的な追悼の感覚が強いようにも思われます。そうした「体験」は、時間とともに癒され、風化していく。

一方、戦争の語り部の方々は、単なる追悼の気持ちではない。自ら目撃した地獄のような光景、そして自ら助けてやることができなかった友や家族への責任感を持っている。言い換えれば、自分が生き残ったことへの自責の念があるのだと思います。こうしたトラウマは、生きている限り逃れることのできない「業」となります。語り部たちは、それをあえて語ることに「罪滅ぼし」に近い感覚を持っている。元海兵隊員のロス・カプーティ氏も同じことを言っていました。

それは、国防という国家の論理では癒されない、一人の人間としての傷だと思います。我々が恐れなければならないのは、そうした自責の念をもたらした加害の体験が風化していくことではないでしょうか。

自衛隊員はどう感じているのか、という質問を受けることがあります。自衛隊員も、平均的な日本人と同じ心を持っています。ひとつ違うことは、彼らは戦うことを使命とする集団だということです。戦う手段を持っているのです。武器を持った者は、武器をどう使うかを考える。任務を与えられた以上は、その武器を最も効率よく使うことを考えます。だから、それが憲法であろうと政治の判断であろうと、武器を使うための桎梏をなくしてほしいと願う気持ちは理解できます。

一方で、何の恨みもない相手を武器で倒した自衛隊員には、個人としての自責の念が残されることになると思います。

それを考えるとき、戦後七〇年にわたって戦争による被害者も加害者も出さなかった国家的な経験は、少なくとも良かったことに相違ありません。

与党の圧勝とこれから

昨年、講演で全国各地を回りました。その中で必ずと言っていいほど出される質問は、「この流れをどうやって止められるのだろうか、私たちは何をすればいいのか？」というものでした。

私は、安倍政権が、憲法と歴史認識に挑戦する点で歴代自民党政権の中でも異質なものであり、それが安倍総理個人の願望から出発しているために論理的な説明がなく、政策としての説得力がないこと、自民党の中にも安倍政権のやり方に異論を持っている政治家が少なくないことを指摘します。そして、こうした人々が声をあげる条件を作っていくことが現実的なやり方であること、そのためには、地方選挙を通じて安倍政権では選挙に勝てないことを実証していく必要がある、と答えてきました。つまり、大小を問わず、あらゆる選挙で与党を減らしていくということです。

ところが、昨年末の総選挙では、与党が圧勝してしまいました。安倍政権は、この勢いに乗って集団的自衛権行使や海外での武器使用の拡大を可能とする法律の整備を進めていくと言われています。この新たな展開を踏まえて、私は、どう答えていくか、迷いました。行きついた結論は、それでも物事の本質は変わらない、ということでした。それは、説得力のない政策は必ず破綻するという単純な真理です。

今回の選挙で、与党側は、安全保障の争点化を明らかに避けていました。しかし、それを言っても、所詮「負け惜しみ」にすぎません。問題の本質は、論争のない選挙の結果がどうあろうと、それによって政策が抱える矛盾はなんら解消されない、ということです。

そのような政権の基盤は、個々の政策に関する限り、脆弱です。集団的自衛権の政策を推し進めるならば、やがて矛盾は先鋭化します。それは、与党内の矛盾、近隣諸国との矛盾、アメリカが描くアジアの将来像との矛盾、そして何よりも、国民が欲する日本の近未来像との矛盾にほかなりません。

与党の数の力で法律はできるかもしれない。そこまでは、閣議決定と同様、障害物のない道筋でしょう。しかし今後、法律の具体的適用や日米防衛協力ガイドラインの改定など、話が具体化するにつれて、あちこちにほころびが生まれてきます。端的に言えば、七月一日の閣議決定で集団的自衛権行使の条件とされた「他国への攻撃によって我が国の存立が脅かされ、国民の生命、自由、幸福追求の権利が覆される明白な危険」なるものを具体化することは不可能です。与党内の話はそれでまとまったとしても、米軍と自衛隊の話はまとまりません。米軍から「自衛隊はこの船を守るのか守らないのか？」と問われても、「それは、国民の生命、自由、幸福追求の権利が覆るかどうかによって決まります」としか答えようがないとすれば、共同作戦計画など、到底作れるものではない。

当の自衛隊からも、「自衛隊は、どこで、何をするのですか？　戦死者が出たとき、国はどのように責任をとってくれるのですか？」という疑問が出るでしょう。それに明確に答えなければ、自衛隊の心構えも訓練もできません。

自衛隊の募集にも影響が出始めています。都内のある高校で、自衛隊志望の生徒から「戦争になったらどうなるのですか？」と聞かれた防衛省の担当者は、「安全なところに逃がしてやるから大丈夫だ」と答えたそうです。しかし、いったん任務が与えられれば、「安全なところ」があるわけはない。

安倍総理は、国会で、「国には自衛隊に対して安全確保義務がある」「自衛隊員は、『事に臨んでは危険を顧みず、身をもって責務の完遂に努める』旨の宣誓をしている」と述べています。「イラク特措法」でも、「国の安全確保義務」が謳われていましたが、現実に自衛隊の安全を守ったのは、現地の人に銃を向けない隊員自身の努力でした。隊員の「服務の宣誓」は、「私は、我が国の平和と独立を守る自衛隊の使命を自覚し」という言葉で始まっています。日本の平和と独立に関わらない異国の地で命を落とすことを誓っているわけではないのです。

根本的な矛盾を抱えたまま数の力でつくられた政策は、やがて破綻する運命にあります。それを実行するための国民の理解と支持を欠いているからです。主権者である国民への説明なしに憲法解釈が変更されるということは、民主主義の危機です。しかし、民主主義の下では、最後の決断は国民に戻ってきます。安倍政権も、この真理から逃れるすべはありません。民意を否定する政権は、やがて民意によって否定される。私は、その確信を持って、これからも批判を続けていこうと思います。自衛隊が実際の戦場で最初の弾を撃つまで、我々に残された時間はあるのですから。

二〇一五年一月五日　　柳澤協二

〈付記〉

本書の校了直前に、イスラム国に拘束されていた日本人が殺害されたとする報道がありました。人命を奪うテロは許し難い。一方、彼らの要求をうけ入れれば、さらなるテロを誘発します。発端は、安倍総理が表明した難民等への二億ドルの支援でしたが、総理は、「イスラム国と戦う国への支援」と言いました。なぜ「人道支援に徹する」と言えなかったのか理解に苦しみます。「テロとの戦い」を続けるには、それなりの覚悟が必要です。問われているのは、日本人がとるべき態度です。今回の悲劇が、今後の議論に活かされることを願うのみです。

二〇一五年一月二七日

柳澤協二（やなぎさわ きょうじ）

一九四六年、東京都生まれ。七〇年、東京大学法学部卒業後、防衛庁（当時）に入庁。防衛審議官、運用局長、人事教育局長、防衛庁長官官房長などを歴任し、二〇〇二年、防衛研究所所長。二〇〇四年から〇九年にかけて、内閣官房副長官補（安全保障・危機管理担当）。著書に『検証 官邸のイラク戦争』『亡国の安保政策』など。

亡国の集団的自衛権

二〇一五年二月二二日 第一刷発行

集英社新書〇七七四A

著者……柳澤協二

発行者……加藤 潤

発行所……株式会社集英社

東京都千代田区一ツ橋二-五-一〇 郵便番号一〇一-八〇五〇

電話 〇三-三二三〇-六三九一（編集部）
〇三-三二三〇-六〇八〇（読者係）
〇三-三二三〇-六三九三（販売部）書店専用

装幀……原 研哉

印刷所……凸版印刷株式会社

製本所……加藤製本株式会社

定価はカバーに表示してあります。

ISBN 978-4-08-720774-3 C0231

Printed in Japan

a pilot of wisdom

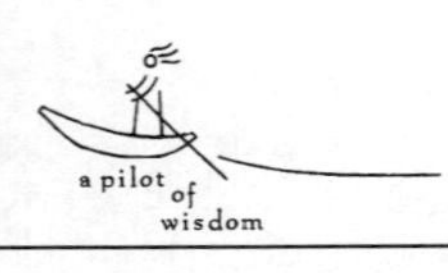

集英社新書　好評既刊

騒乱、混乱、波乱！ ありえない中国
小林史憲　0762-B

「拘束21回」を数えるテレビ東京の名物記者が、絶望と崩壊の現場、〝ありえない中国〟を徹底ルポ！

沈みゆく大国 アメリカ
堤 未果　0763-A

「1%の超・富裕層（スーパーリッチ）」によるアメリカ支配が完成。その最終章は石油、農業、教育、金融に続く「医療（オバマケア）」だ！

なぜか結果を出す人の理由
野村克也　0765-B

同じ努力でもなぜ、結果に差がつくのか？〝監督〟野村克也が語った、凡人が結果を出すための極意とは。

「おっぱい」は好きなだけ吸うがいい
加島祥造　0766-C

英文学者にしてタオイストの著者が、究極のエナジー・「大自然（タオ）」の源泉を語る。姜尚中氏の解説も掲載。

宇宙を創る実験
村山 斉／編著　0768-G

物理学最先端の知が結集したILC（国際リニアコライダー）。宇宙最大の謎を解く実験の全容に迫る。

放浪の聖画家 ピロスマニ〈ヴィジュアル版〉
はらだたけひで　037-V

ピカソが絶賛し、今も多くの人を魅了する、グルジアが生んだ孤高の画家の代表作をオールカラーで完全収録。

文豪と京の「庭」「桜」
海野泰男　0769-F

祇園の夜桜や竜安寺の石庭など、京の「庭」「桜」に魅せられた文豪たち。京都と作家の新しい魅力に迫る。

イスラム戦争 中東崩壊と欧米の敗北
内藤正典　0770-B

イスラム国の論理や、欧米による中東秩序の限界に触れながら、日本とイスラム世界の共存の必要性を説く。

アート鑑賞、超入門！ 7つの視点
藤田令伊　0771-F

歴史的作品から現代アートまで、自分の目で芸術作品に向き合うための鑑賞術を、7つの視点から解説する。

地震は必ず予測できる！
村井俊治　0772-G

地表の動きを記録したデータによる「地震予測法」を開発した測量学の権威が、そのメカニズムを公開。

既刊情報の詳細は集英社新書のホームページへ
http://shinsho.shueisha.co.jp/